建設DXで未来を変える

野原 弘輔
NOHARA KOSUKE

マイナビ

はじめに

建設産業は、２０２３年以降、投資額が毎年70兆円超の巨大産業です。社会の発展や生活の質の向上などを支える重要産業でもあります。私自身は、野原グループに入るまでは外資系の金融機関で金融アナリストなどを務めていて、全くの異業種からの入社となったわけですが、実際に建設産業に携わってみて、まず感じたのはスケールが大きく、やりがいのある仕事だということでした。

ところが、建設産業は人気がありません。どの業界も人手不足は深刻ですが、建設産業は特に深刻で、新規就業の鈍化が著しく、就業者の高齢化に拍車がかかっています。過去には、建設産業が輝いていた時代もありました。特に高度経済成長期は、設計者や技術者、中でも腕一本で稼げる職業として職人や大工は子どもたちの憧れの仕事でした。

このように人気が高かった建設産業の魅力は、どうして薄れてしまったのでしょうか。

一番の課題は、なんといっても生産性の低さではないでしょうか。金融業界からいろいろな産業を見てきた私にとっては、産業としてこれほど大きな建設産業の生産性が低いことに、大変驚きました（総務省統計局の発表によると、第３次産業を除くと、建設業は農林水産業の次に生産性が低い）。生産性が低ければ所得は上がりません。

その背景にあるのが、建設産業の複雑な請負い構造（以下、重層構造）です。ゼネコン（元請け企業）があり、発注工事を請負う専門工事会社があります。壁などを立てる会社、床を貼る会社、空調をつける会社、照明をつける会社など、日本では27種類の専門の工種に分かれています。

さらに各専門工事会社の先にも多重な下請け構造があり、最終的に一人親方が作業を担うケースもあります。

もちろん、一概に重層構造が悪いとは言えません。建設産業は繁閑の差があり、毎度受注する建築物の種類や規模が異なるため、一つの会社であらゆる工程の職人を抱えるのは難しく、専門工事会社と作業や職人を分け合うことで、固定費を減らし、倒産のリスクを分散したわけです。つまり、こうした重層構造は、業界が長年かけて編み出した最適解といえる部分もあるのです。

一方で、重層構造になると、関係者が多岐に渡り、情報の共有が難しくなります。もっとも分かりやすいのは設計図でしょう。建築物を作るときには、関係者全員が図面に従って作業をするのですが、実は、設計者が作る図面、ゼネコンが作る図面、専門工事会社が作る図面など、作業によって使う図面や作る図面が異なるのです。作業によって必要な細かさや、詳細を知りたい場所が違うので、それぞれの立場に合わせて図面を作り直しているのです。

建設産業の生産性向上には、まず、図面の変更をはじめ、プロジェクトの遂行に必要な様々な情報を各現場でリアルタイムに共有できるようにすることが必要でしょう。情報の共有によって、現場所長や現場担当者だけでなく、職長や職人、荷揚げ会社、運送会社、建材メーカーなどが正確な現状を把握できるようになれば、不必要なコミュニケーションに労力を取られなくなります。また、情報に属人性がなくなるので、経験年数や過去の関係性を過度に気にしなくても、誰でも現場で働けます。これらを可能にするのが、本書のテーマである建設ＤＸ（Digital Transformation）の推進です。

現在、いろんな種類のＤＸが建設産業内で動いていますが、一番先頭を行っているのが、コミュニケーションツールでしょう。これまで口頭伝達、電話やＦＡＸでやりとりしていたものが、次第にメールに、そしてＬＩＮＥや専門のアプリに置き換わってきました。ただし、建設産業が抱えている問題からすれば、コミュニケーションツールのデジタル化は表層の部分の解決にしかなりません。問題の本質は、図面やその周辺の情報、データをいかに管理するか、どうやって共有するかなのです。

ゼネコンや設計会社を始め、上流工程では、世界で幅広く使われているＢＩＭ(Building Information Modeling)の本格的な活用を明言し、普及が進んでいます。ＢＩＭは、コンピュータ上に現実と同じ三次元の建物をつくり、そこに設計から施工、維持管理など建物に関する全ての情報を入れることで、建築に関わる人全てが情報共有できるようになるソリューションです。今後、日本で予想をされる人手不足は深刻で、その観点からも生産性を上げる、ロボットや自動化、ＡＩなどの新しい技術の導入が期待されています。これらの新技術が建設現場で使われるようになるには、ＢＩＭの活用は必須なのです。

建設ＤＸ、特にＢＩＭをフル活用することでプロジェクト内での情報分断を防ぎ、その上でロボットやＡＩなど新技術の導入を一気に進めることが、巨大産業である建設産業の生産性の大幅な向上の鍵になると期待されています。

ところがＢＩＭなどのより本質的なＤＸの推進は、そう簡単ではありません。建設産業は、複雑な重層構造をしている上に裾野が広いからです。大きい会社では数十万人の社員を抱えるスーパーゼネコンや、一人で全てをやる一人親方まで関係者の数は膨大で、年齢層も10代から70代までと幅広く、ＩＴリテラシーには大きな差があります。

建設ＤＸの認知は高まってきましたが、その本当の意味や、どこに本質的な課題があるのかは知られていない、あるいは理解が十分にされていないと感じています。そこで、建設産業の課題を再認識する契機が必要だと考え、本書を出版しようと考えました。

建設ＤＸを実現しなければという意識はあるのに、現実にはなかなか進まないことには理由があるわけです。その理由が何なのか、少し掘り下げるような内容にしたつもりです。本書では、建設産業に携わる多様な立場の方々との対談を通じて、建設産業への思い、ＤＸへの取り組みなどについて浮き彫りにできたのではないかと自負しています。建設産業の面白さと重要性、それにＤＸを進めることによって広がる可能性について伝えられれば幸いです。

野原グループ株式会社 代表取締役社長兼グループＣＥＯ
野原弘輔

第1章 日本の建設産業、これまでとこれから

【ゲスト】
蟹澤宏剛　芝浦工業大学 建築学部 教授
志手一哉　芝浦工業大学 建築学部 教授

第2章 メディアから見た建設産業の近未来像とは

【ゲスト】
佐藤俊之 日刊建設通信新聞
牧野洋久 日刊建設工業新聞
橋戸央樹 建築技術

第3章 「The職人」ベテランに聞く！ 建設現場で起きていること、これから起きること

【ゲスト】
ベテラン職人かつ組織代表を務める皆さん

第4章

「シン職人」これからを担う若手に聞く！未来の建設現場の有り様とは？

【ゲスト】

若く意欲的な職人の皆さん

第5章

建設DXはどのように進化していくのか

【ゲスト】

村上陸太　建設RXコンソーシアム会長

第6章 DXの本質とは何か

【ゲスト】長谷部豊 NTT DXパートナー 代表取締役

第7章 建設DXで未来を変えていく

【ゲスト】岸博幸　慶應義塾大学大学院 教授

建設産業の基礎をおさらい

建設産業が担う役割

［ 建 設 産 業 と 社 会 ］

1. 国土・地域のインフラの整備やメンテナンス等の担い手

2. 地域経済・雇用を支え、災害時には最前線で地域社会の安全・安心の確保を担う地域の守り手

3. 国民生活や社会経済を支える産業である

【参考資料】
国土交通省 不動産・建設経済局「建設産業における担い手の確保・育成について」（令和2年9月14日）

建設産業　5つの特長

1. 受注産業：顧客の注文を請負って工事を完成する受注産業である

2. 個別生産：固有の土地に密着して建設するので、同じ内容のものはない

3. 移動産業：工事現場を移動しながら生産（建築）

4. 屋外産業：工事現場の大半が屋外のため、天候等の自然の影響を受けやすい

5. 重層（下請け）構造＆分業産業：建設現場は、元請け企業（ゼネコン）のもと、工種毎に専門技術を持つ下請け企業、技能工など多くの関係者が力を合わせて建設物を完成させる。建設企業の多くは、資本金1億円未満の中小企業であり、工種によっては工事の一部を再下請させる“重層化”も特徴

【参考資料】
（一財）建設業振興基金「建設現場で働くための基礎知識」

建設産業の特殊さ①
重層（下請け）構造とは

建設プロジェクトの

関係者は、非常に多く、

サプライチェーンが複雑で

情報が分断されている

業界のピラミッド構造

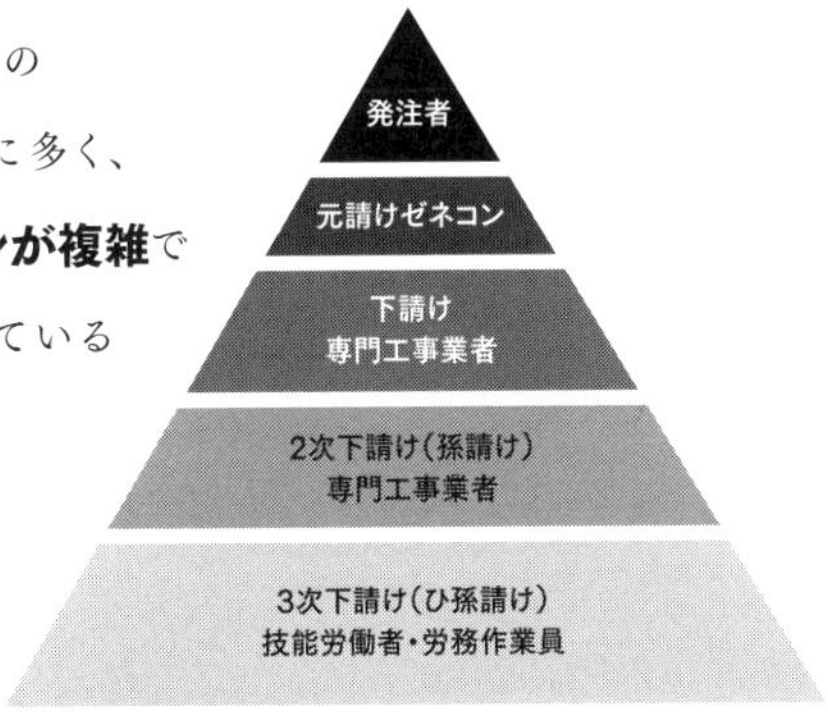

【参考】東洋経済_ゼネコン界に「異変あり」（2020/10/9）

建設産業の特殊さ②：分業体制

関係者	役割	登場する場面
発注者	建物所有者 建築工事の建築主	企画
設計事務所	企画・設計 設計図書の作成、工事監理	企画 設計（意匠、構造、設備）
ゼネコン （総合工事業者）	企画・設計 工事受注（建築工事一式/土木工事一式）、現場管理、安全衛生管理	企画・設計 工事
サブコン・専門工事業者 ※企業	工事	各専門工事（27種類）
技能工・一人親方	工事	各専門工事
建材商社・流通会社	サブコン・工事業者、技能工・一人親方への建材供給	工事直前（流通）
建材メーカー	建材商社・流通会社への建材供給	同上
維持管理会社	竣工後の建物の維持管理	維持管理（改修を含む）

建物のライフサイクルの流れ

【補足】建設業には29種の工種があり、工事実施には建設業許可が必要
①土木工事業、建築工事業の2つの総合工事業、②大工工事業や左官工事業等、27の専門工事業

（一財）建設業振興基金「建設現場で働くための基礎知識」より抜粋

建築士

どんなデザインにするか、周りの環境や安全面、用途などいろいろなことを考えて設計します。

施工管理（現場監督など）

工事の最初から最後までかかわって、スケジュールを立てたり、品質をチェックしたり、コストや現場の安全を管理したりします。

③建物を仕上げる

建物の骨組みが完成！　次は外壁にタイルを張ったり、内側の壁や床などを美しく仕上げたり、建物内で水道や電気などを使えるように工事します。

④完成!!

周りに木を植えて庭をつくる造園工事などを行って完成です！

左官
タイル工
電工
配管工
内装仕上げ職人

→

造園工

場に入場する方々）が非常に多い

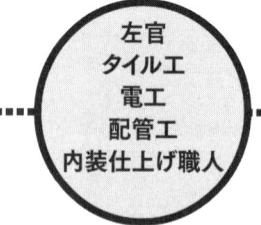

建物ができるまで

建設産業に従事する人たち

建物ができるまで〜

①基礎・鉄骨を組み立てる

建物が傾いたりすることがないように土台となる土を平らにしたり、杭を地中に埋め込んだりして土台をつくります。次に、鉄骨を縦、横に組み立て、みんなが作業を安全に行うための足場を設置します。

②柱・壁・床をつくる

鉄骨を組み立てたら、鉄筋でその周りを補強していきます。その鉄筋の周りにパネル（型枠）を貼り、そこにコンクリートを流し込んで柱や壁、床などをつくっていきます。

杭打機
オペレーター
とび工

鉄筋工
壁枠工

※関連する職工・職人（専門工事に携わる方）の一部を記載

工事の種類（工種）と関係者（建設現

国内建設産業　就業人口の推移予測

［既に技能者のうち、60歳以上の割合が約4分の1、29歳以下は全体の約12％（2024年8月時点）］

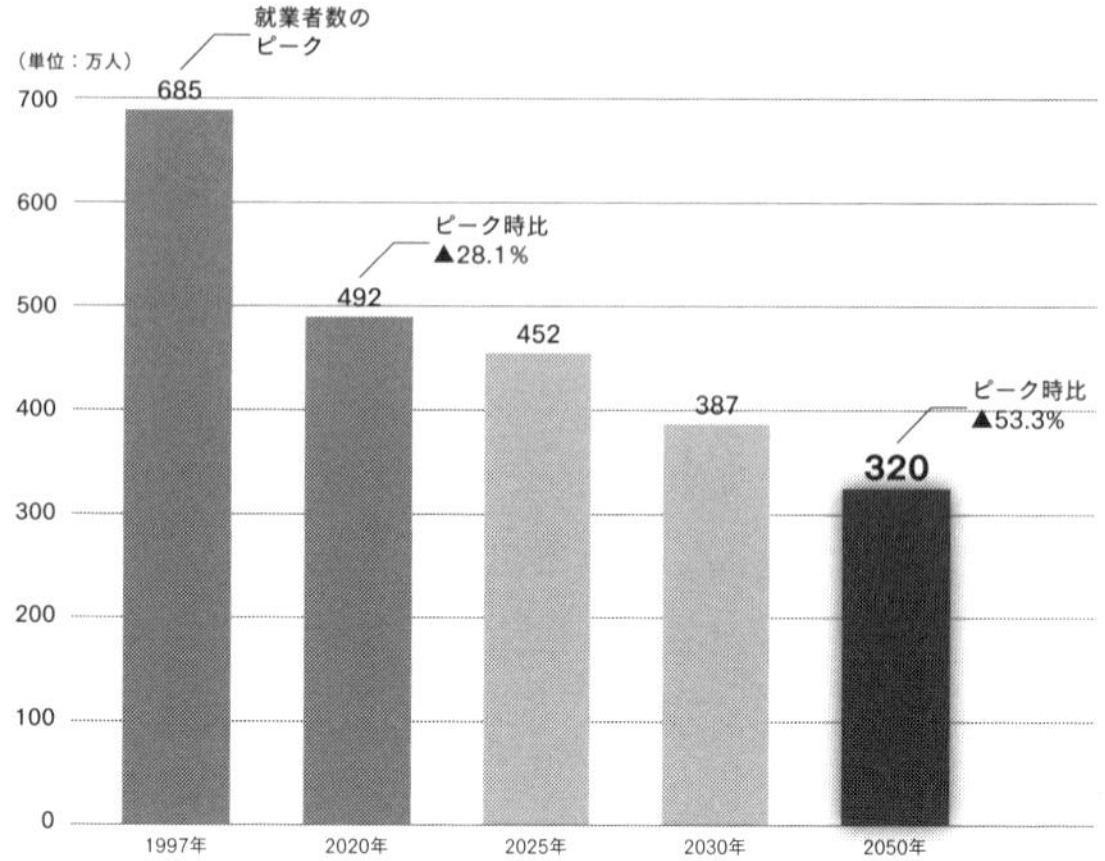

＊以下の資料をもとに、弊社で作成（2025年以降は予測値）

●経済産業省：「未来人材ビジョン」内の労働需要の推計（令和4年5月）
https://www.meti.go.jp/shingikai/economy/mirai_jinzai/pdf/20220531_1.pdf

●国土交通省：「最近の建設業を巡る状況について【報告】」内の建設投資、許可業者数及び就業者数の推移（令和3年10月15日）
https://www.mlit.go.jp/tochi_fudousan_kensetsugyo/const/content/001493958.pdf

●厚生労働省：産業別就業者数の見通し（労働力需給推計）
https://www.mhlw.go.jp/stf/wp/hakusyo/kousei/19/backdata/01-01-03-05.html

国内建設産業　働く環境

［日本建設業連合会が2017年12月から進める「4週8閉所」もまだまだ定着せず］

【大企業】2019年4月～／【中小企業】2020年4月～
時間外労働時間に上限規制
※建設業への適用は5年間の猶予

2024年4月
建設業の特例が外れ
時間外労働時間に
上限規制

300h以上の長時間労働

年間 実労働時間
建設業　1,978時間
産業平均　1,632時間

（厚生労働省「毎月勤労統計調査」より）

＞

建設業の仕事を辞めた理由

雇用が不安定　9.6％
作業所が遠い　9.0％
休みが取りにくい　8.4％
賃金が低い　7.9％

（国土交通省「建設業の働き方として目指していくべき方向性」より）

＞

行政の働き方改革が進む

36協定猶予の終了
法定労働時間 40h/週
時間外労働　45h/月
週休2日の推進

建設産業の人材確保・育成が急務

［国土交通省と厚生労働省が連携］

「若者や女性の建設業への入職や定着の促進などに重点を置きつつ、担い手の**処遇改善、働き方改革、生産性向上**を一体として進める ――」

●国土交通省

建設産業の健全な発展を図る観点から、建設業者団体や企業と連携し、就労環境の整備や人材確保・育成に向けた取組、建設工事請負契約の適正化などを実施

連携

建設キャリアアップシステム（CCUS）の普及促進に向けた取組

■**適正な雇用関係と併せた取り組み（国土交通省）**
CCUSの導入促進と適正な紅葉関係への誘導を目的とした説明会実施など

■**建設官営助成金により支援（厚生労働省）**
CCUSの普及促進に取り組む建設事業者団体を支援

■**CCUSの普及啓発等（国土交通省、厚生労働省）**
ハローワーク利用等に対する周知など

●厚生労働省

建設労働者の確保や雇用の安定を図る観点から、建設業者団体や企業が人材確保・育成等に取り組む際の助成金の支給やハローワークにおいて就業支援を実施

人材確保	人材育成	魅力ある職場づくり
建設業への入職や定着を促すために、建設業の魅力の向上やきめ細やかな取組を実施	若年技能者などを育成するための環境整備	技能者の処遇を改善し安心して働けるための環境整備

建設業の人材確保・育成をサポート　**建設事業者**

【引用】厚生労働省「建設業の人材確保・育成に向けて（令和6年度予算概算要求の概要）

本書の注意点

○本書の用語使用について

本書では、さまざまな識者の方との対談を行っております。そのため、あえて正しい用語ではないものも、わかりやすさと対談の臨場感を優先して使用しております。

<使用例>

本書内	正しい用語	注記
現場	工事現場 現場作業所	
職人	技能工 技能者 作業員	※技術者とは施工管理を行う者であり、直接的な作業は原則行わない者を指すため、混同に注意

参考文献

◎国土交通省「建設業法等における定義」

◎国土交通省「技能者の位置づけについて」

◎一般社団法人日本建設業連合会（日建連）
「建設業・ゼネコンを知ろう!!」

◎一般財団法人建設業振興基金「建設現場で働くための基礎知識（建築工事編：第一般）」

第1章

日本の建設産業、これまでとこれから

芝浦工業大学　建築学部 教授

蟹澤宏剛

1995年、千葉大学大学院博士課程修了。博士（工学）、国土交通省 専門工事企業の施工能力の見える化等に関する検討会 座長、建設産業人材確保・育成推進協議会 顧問、厚労省 墜落・転落防止対策の充実強化に関する実務者会合 座長などを歴任。著書に『建築生産――ものづくりから見た建築のしくみ』（彰国社）、『建設業 社会保険未加入問題Q＆A』（建設通信新聞社）』ほか多数。

×

芝浦工業大学　建築学部 教授

志手一哉

2013年、千葉大学大学院博士課程修了。1992年に株式会社竹中工務店に入社し、施工管理、生産設計、研究開発に従事。2014年から芝浦工業大学にて建築生産マネジメント分野の教育研究に従事。主な専門分野は建築生産、ファシリティマネジメント、BIM（Building Information Modeling）。博士（工学）、技術経営修士（専門職）、一級建築士、1級施工管理技士、認定ファシリティマネジャー。著書に『現代の建築プロジェクト・マネジメント（彰国社）』ほか多数。

かつて、建設産業の魅力に引き寄せられ多くの人々が集ってきた
しかし今、深刻な人手不足の中で、難題の解決に追われている
建設DXで新たな可能性を追求し、未来を切り開いていく

建設産業の魅力は、なぜ伝わらないのか

野原　どの産業も人手不足に悩んでいますが、建設産業は、特に人手不足が深刻です。日建連の発表によれは、建設業の入職者数は2012年以降、離職者数を上回っていたようですが、2022年は入職者数の減少により再び離職者数を下回っている状況で、高齢化も顕著です（23ページ図参照）。

かつてのような高度経済成長の時代は、建設現場の職人や大工が「腕一本で稼げる魅力的な仕事」として知られていて、子どもたちの憧れの仕事でした。

どうしてそれが現在のような状況になってしまったのでしょうか？　どうすれば人手不

足を解消でき、建設産業がさらなる発展を遂げられるでしょうか？

この章では、国土交通省の専門家会議委員長などを歴任し建設産業の労働環境改善に取り組む芝浦工業大学建築学部・蟹澤宏剛教授と、建築生産マネジメント研究の第一人者である芝浦工業大学建築学部・志手一哉教授のお二人にお話を伺いたいと思います。


蟹澤　確かに建設現場の職人は、昔は稼げる仕事の代表でした。

稼げる仕事とは何かと言えば、一般論として「付加価値が高い仕事」になります。言い方を変えると、ごく一般の人ではできず「この人でなければできない」仕事です。

自ずと、知識や頭脳、あるいは人並み外れた体力を持つ人が担う仕事になります。建設現場の仕事はまさにそれでした。東京タワーは１９５８年に竣工しましたが、これを作った職人たちは、当時は安全帯もせず、タワーの頂上付近でリベットを焼き、投げて、受け取り、取りつける。そんな神業を平気で行っていました。

言うまでもなく、誰しもできる仕事ではありません。こうした人たちは当然、多額の収入を得られました。ホワイトカラーと比較しても、現場の職人のほうが稼ぎは上でした。その頃はオフィスにパソコンはおろか、コピーもファックスもない時代、電話は共同、手書きでやりとりしていたので生産性は低い時代でしたからね。

減少を続け、高齢化が進む建設技能労働者

建設技能労働者全体
コーホート分析

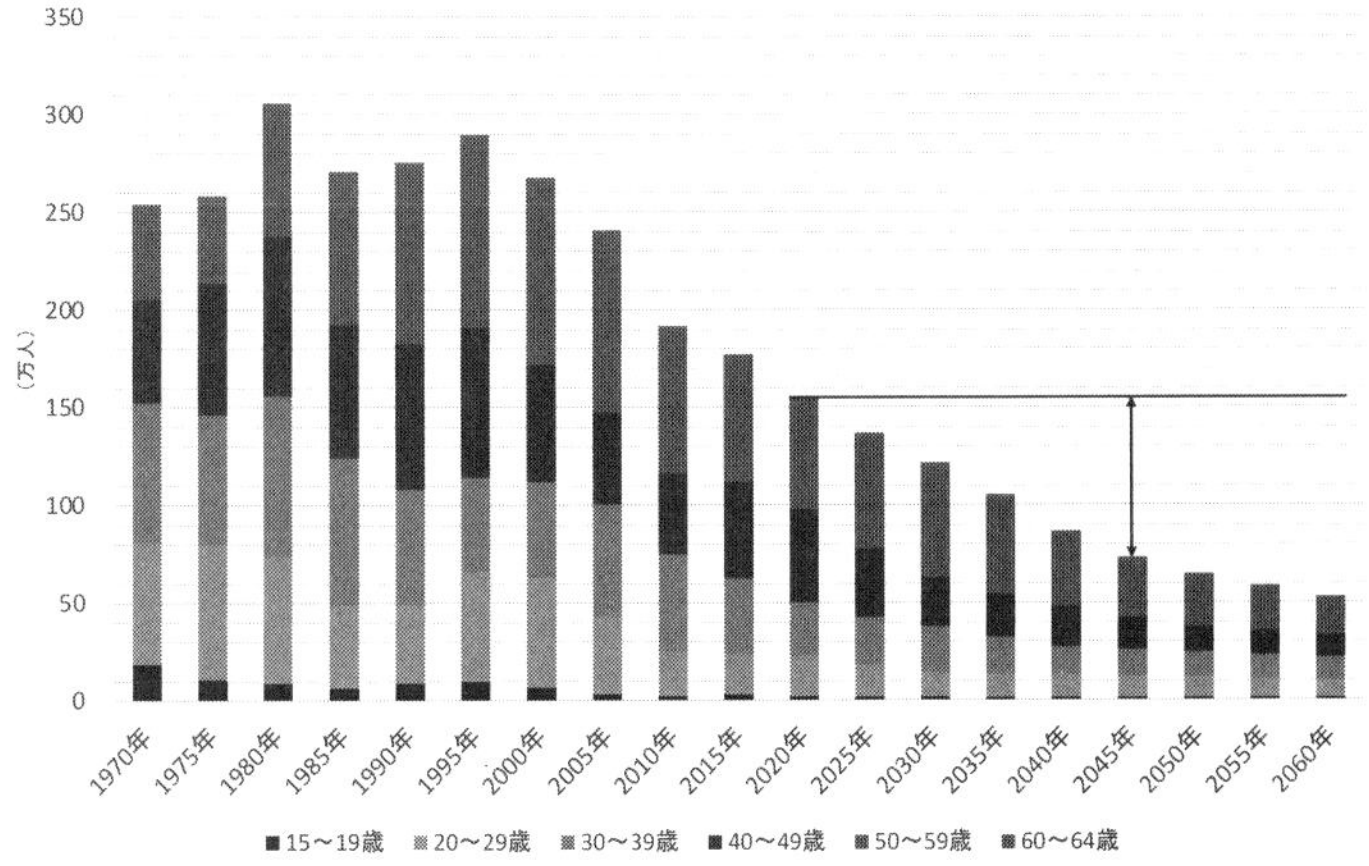

出典：KANISAWA Lab.
SHIBAURA Institute of Technology School of Architecture

※国政調査における
「建設・土木作業従事者」の数

野原　他の産業や他の職種とも比較して、生産性が高く、能力ある個人が、正当に評価されていたわけですね。

蟹澤　その通りです。特にホワイトカラーや現場監督の数倍も稼ぐような人は、体力が優れているだけでなく建築に関する深い知識や経験、さらにマネジメント能力もあった。

　例えば当時、建築や土木で使っていた図面は１００分の１や50分の１スケールの手描きで大雑把なものでした。詳細までは記されていないので、現場で図面から完成形を読み取っていました。職人の方々がこれまでの経験から設計意図を読み取って、作業の順番や具体的な施工方法などを考えたりしていたのです。

さらに現場の職長ともなれば、大勢の職人を率いて、現場マネジメントもしていた。「頭」と「体」と「人」を存分に使って、大きな成果を出す仕事ですから、当然極めて稼げる仕事だったわけです。

野原　しかも戦後の復興や日本の高度経済成長を支えるとても意義のある仕事、やりがいのある花形産業でもありました。

志手　そうですね。「何もなかったところに新しいものを作っていく」時代でした。黒部ダム、東京タワー、国立代々木競技場など、世の中が驚くような魅力的な建設物をどんどん作っていく。当時の建設業は非常にやりがいを感じやすい仕事で、だからこそ人気の業界だったわけです。しかし、いまや必要なインフラは、おおかたできてしまいました。

誰しも必要不可欠なインフラとしての建設よりも、今あるものを解体したり、古くなったものを補修する、華やかさに欠ける仕事の割合がずっと多くなったのです。

一方で、新しい花形産業が台頭しました。特に90年代前後からＩＴの発達と浸透によって、システム開発やソフトウェア開発、ウェブサービスといった新規の成長産業が多く生まれた。ITエンジニアやウェブデザイナーといった新しい職業も続々と登場しました。グローバル化によって商社や金融といった業界にもスポットが当たるようになりました。

ひるがえって、建設産業を見ると、入札談合などの悪しき商慣習がマスコミに指摘され、激しく叩かれ始めました。

こうした外部環境から見ても、建設産業の人気が落ちていったのは致し方ないのだろうなと思います。

野原　建設現場の環境、特に専門工事を取り巻く環境は、大きく変わっていきましたよね。

蟹澤　高度経済成長期（1955〜1973年）になって、建設現場に重機が入ってきたことは大きな変化でした。肉体を酷使する必要性はなくなり、生産性は大幅に上がりました。

しかし、現場の大きな付加価値のひとつだった「体」を使う仕事が機械に置き換えられたわけですから、職業としての「付加価値が下がった」とも言えます。

野原　この期間には、図面を読み取って、現場で部材を加工したりする知識や頭脳を必要とする仕事についても減ってしまった印象があります。

蟹澤　その通りです。かつてゼネコンは直接、一部の建設労働者を雇用していました。今も多くの国がそうなのですが、日本は優れた建設労働者が育っていたので、彼らが独立して下請けとして働き始めたのです。

元請けと下請けでは、一種の主従関係になり、下請けの利益は少しずつ減りました。

また下請け化が進んだことによって建設現場は急速に分業による効率化が進みました。資材をあらかじめ組み立てておくモジュール化が進み、図面を読み取って現場で加工するような「余白」のような仕事がどんどんなくなった。最後に残ったのは、現場に届いた半完成品をビスで留めるとか、釘を打つといった組み立て作業くらいになってしまいました。

創意工夫の部分、それはものづくりの最も楽しい部分でもあると思いますが、まるごと削り取られてしまったわけです。

機械化や分業化で現場の生産性は上がりますが、現場で働く人のものをつくる面白さというか、やりがいは減っていってしまったのかもしれません。

この「やりがいの喪失」も業界の人気を衰退させた大きな要因のひとつでしょう。

野原さんが指摘されたように、建設産業は人材不足が極めて深刻です。建設技能者の数は、2045年には2020年の半分に減り、「2045年問題」と言われます。

大工の減少率はさらに深刻

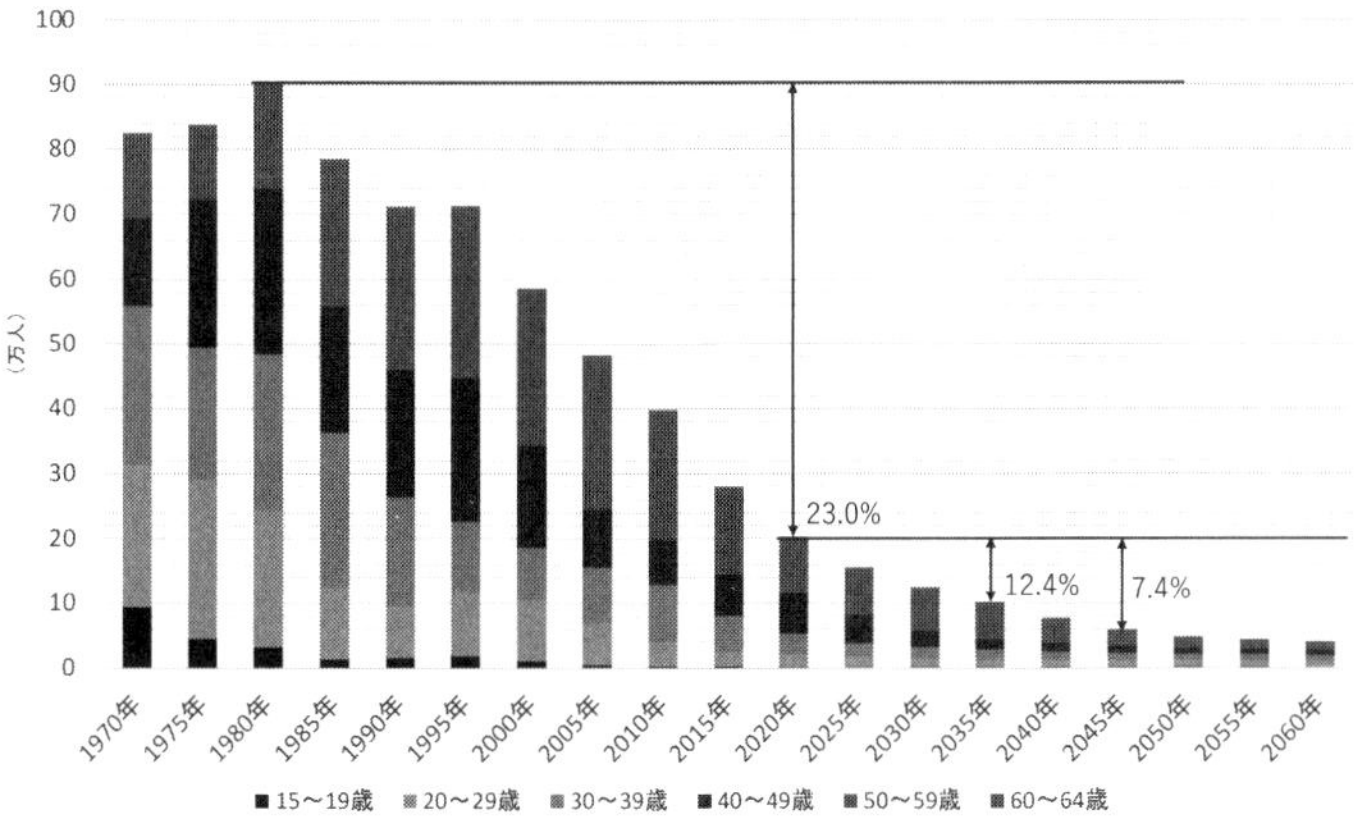

出典：KANISAWA Lab.
SHIBAURA Institute of Technology School of Architecture

※国政調査における「建設・土木作業従事者」の数

野原　大工の方々など、複数の工種をまたがった仕事、例えば、細かい修繕ができる人の減り方も激しいですよね。

蟹澤　建設業全体で２０４５年には従事者が半分になると言いましたが、大工は２０３５年に半分になり、２０４５年には３分の１になってしまいます。

現在、生産年齢の大工の数が21万人余なのが、２０３５年には11万人、２０４５年には６万人強になる可能性が高いです（上図参照）。

野原　ものすごい減少率ですね。

蟹澤　でも新築に関しては、木造住宅は、あらかじめ工場で材料をカットするプレカットになってきたので、これまで大工がやっていた積み付けて刻んでといった過程が不要になりました。およそ二人工、30坪の住宅を2人で加工して30日かかっていた仕事が数時間で済むようになったので、住宅メーカーでは、いわゆる生産革命が起こったと言っていいでしょう。

しかし、それ故に、「カンナかけて」「ノミ使って」といった、みんなが憧れる大工の仕事が一切のこっていない。憧れと現実のギャップがあまりに大きく、せっかく大工を目指して業界に入ってきても、がっかりして辞めてしまうのです。先ほどの建設全体の話と同じですね。やりがいが、ない。

日本の総人口が毎年60万人も減っていることを考えると、人手不足は建設産業のみならず、日本社会全体の課題です。

むしろ、建設産業ならではの「やりがいの喪失」や長時間労働や非効率な業務など、業界特有の本質的な課題を見直す必要が、大いにあるのではないでしょうか。

建設現場の問題は、一人ひとりの個人につながる

野原　このままでは日本の建設産業は衰退していく可能性も高いと思います。それによって、消費者、生活者にはどのような影響が懸念されるでしょうか。

蟹澤　建設技能者の数が半分に減ると、世の中がどうなるのか。実感をもって想像されている方はまだ少ないかもしれません。

端的に言えば、「建設物を半分の人数で作れるような作り方にするのか」、あるいは「建設物を半分に減らすか」の2つしかありません。一般の消費者目線で言えば、簡単に建物を建てられなくなるし、直すのもままならなくなる、ということです。

大手ゼネコンはまだしも、業界の多くを占める中小零細企業は、そこまで危機感を抱いていない。その事実を私は心配しています。「人手不足や後継者不足などで困ったら、廃業すればいい」と考えている経営者の方が大勢いますからね。

野原　戸建住宅は新築にしろ、改築にしろ、技能者が減ることで、発注から完成まで時間がかかったり、それどころか、どこかが壊れて早急に修理が必要な場合でも、順番待ちに

なるでしょう。

蟹澤　2024年1月1日に起こった能登半島地震では、築年数が古い家が多く、耐震改修が進んでいなかったことが被害の拡大につながりました。仮に全世帯が耐震改修に取り組もうとしたら、そもそも何十年もかかるでしょう。

そんな中で、日に日に職人が減り、それどころか建設事業者自体が減っているのです。今ある膨大な家のストックをどのように面倒を見ていけばいいのでしょうか。

野原　特に耐震改修工事は難易度の高い仕事だと言われています。腕のいい現場の方々が減っているのは一般消費者にとっても死活問題ですね。

蟹澤　耐震だけの問題ではありません。

日本の家屋は、世界の中でも省エネ性能、断熱性能が悪い。エネルギー問題の観点から、効率的に冷暖房ができる建築に対応していく必要があるのです。

実際、新築に対しては、建築基準法や建築物省エネ法が改正され、2025年4月から省エネ性能、断熱性能を備えることが義務付けられました。これから既存の家屋も改修していく必要が出てくるでしょう。

ところが、その担い手がいない。

耐震改修同様に、省エネ対策の現場も簡単ではありません。しかし、現場でビスを打ったり、簡単な組み立て作業のような仕事ばかりになってしまった。「現場に合わせて自在に調整する」といったことができる腕のいい職人はどんどん減っています。

野原 なるほど。担い手不足が続けば、工賃が高騰するでしょうから、直接的には消費者の方々が、支払わなければいけない金額は大幅に上がりそうですね。

志手 そうですね。消費者、生活者への影響は、まさに「価格が上がること」「修繕や改修を頼んでも、すぐには来てくれなくなること」の二つでしょうね。

蟹澤 2019年に関東地方に上陸した、「令和元年房総半島台風」は多くの建造物に甚大な被害を出しました。ところが、屋根の修理などの改修は、当時、5年待ちとの報道があったほど、順番待ちが続いていました。秋田県では、2023年夏の大雨で被災した住宅

の修理も、人手不足が原因で着工に遅れが出ている状況と報道されています。今後、同様の状況が、日本全国であり得ると考えられます。

野原 海外の事情はいかがでしょうか。国や地域によって違うと思いますが、日本のように建設技能者の数は減っているのでしょうか？

蟹澤 建設現場で働くことの人気が、かつてより下がっているのは世界共通だと思われます。

自国民ではなく、建設現場に外国人を多く配しているのを見れば顕著です。ベトナム、インドネシアなどは、まだ自国民が建設現場にいますが、より所得水準が高いタイ、マレーシアになると自国民は現場で働きたがらない。一人当たりのGDPは日本の3分の1程度なのにです。シンガポールなどは100%、完全に外国人です。いま現在は、アジア各国の現場で、労働賃金の安いベトナム人の労働者を取り合っていますが、遠からず、ベトナム人も来てくれなくなると思いますよ。

野原 欧米は、どうなのでしょうか？

蟹澤　欧米でも、建設現場は頭を使う仕事が減り、体を使う単純作業が増えたのは同じです。そうなれば労働生産性が下がり、賃金も安くなりますが、欧米が違うのは、業界団体が強いことです。

アメリカではユニオンが、ヨーロッパではギルドの歴史があるため、何とか建設現場の職人たちの地位を保っています。

ユニオンやギルドは、ひらたく言えば「職能に特化した業界団体」ですね。大きな特徴はベテランの職人が若い人を受け入れて、一人前に育ててから外に出す仕組みが明確に定められていることです。

野原　アプレンティス（＝見習い）制度ですね。

蟹澤　そうです。日本語では、少し訳すのが難しいのですが、厳密に一人前の職人のレベルを定義して、それを育てるシステムが根付いている。単なる力仕事にしないように、付加価値が高い仕事であると他者に認めさせるための仕組みで、だから、それなりの高い賃金を保証する賃金協定が成立しているのです。

アメリカのユニオンワーカーの賃金は日本の約3倍、ヨーロッパでも大体2倍です。

一方、東南アジアの建設労働者の賃金は、日本同様、あまり高くない。どうやら欧米では、「体を使う仕事」としてではなく、一人前の職人としての技術や経験などが知識として評価されているんだと思います。日本もそうですが、体力だけを評価しているような国は、建設業の人気はどんどん落ちていく。

志手 一方で、EUは東ヨーロッパやアフリカ、アメリカは中南米、東南アジアは近隣の貧困国、中国は内陸部の人たちが建設労働者として数多く働いています。結局は、どこの国でも建設業の仕事は人気がありません。どうやって建設業の魅力を高め、人員を確保するのかは、日本だけではなく、多くの国の課題でしょう。

日本の建設産業が、再び魅力を取り戻すには

野原 輝きを失いつつある建設産業ですが、再び魅力的な産業になるためには、どのような取り組みが必要でしょうか?

志手　まずは産業としてちゃんとすることですね。建設産業は中小零細企業が多いのです。つい最近まで福利厚生も社会保険なども整備されていない会社がごまんとありました。親御さんからも就職活動の対象として見られるようになることが必要でしょう。

蟹澤　以前、中小工務店の調査をしたら、半数くらいが就業規則も、労使協定にあたる三六協定もありませんでした。

これではハローワークにも高校にも求人票を出せません。

かつては、「知り合いの息子さんを預かる」といった形の採用で人員を確保していた工務店が少なくありませんからね。公募して採用するという近代の労働制度に乗る必要があるでしょう。

野原　まずは就職活動の土俵に乗らないと始まりませんね。

蟹澤　古い頭の人たちの考え方を変えていく必要もあります。古い人たちの典型的な考え方は「建設業で働く人は稼ぎたくて来ている。だから休みたくないのだ」というものです。

しかし、今の若い人に、そんな人はほとんどいません。土日に出勤して稼ぐよりも、ちゃんと休みたいと思う人の方が圧倒的に多い。このような時代に即した働き方、処遇改善をしていくことも重要です。

そしてもう一つ、人間は最後はお金ではなくやりがいだという部分もある。マズローの人間の欲求5段階説でも、承認欲求よりも自己実現欲求の方が上ですからね。その産業の中で何を目標としていくのか。目標を立て、次々に達成していくことで自己実現欲求が満たされていきます。終身雇用の仕組みの中では、次は課長、次は部長と目標が立てやすいのですが、それは大企業の話です。中小企業が多い建設産業では目標が見えにくい。

野原　確かに。それぞれが自分でキャリアプランを考えていく必要がありますし、それを実現するための仕組みが産業全体として必要ですね。

蟹澤　そこで、職人がいろいろな企業を渡り歩きながら、能力を磨いていくような仕組み、いわゆるジョブ型雇用に移行していくべきだと考えています。元来、日本の建設産業は優秀なので、竹中工務店でも、大成建設でも、鹿島建設でも、技術力はそれほど大きな差はないと言われています。

本来、人が流動化しやすい産業ということです。職人や技術者が渡り歩くことは、それほど難しくないと思います。

実際、職人や技術者が渡り歩いたり、企業が受け入れたりするためには客観的な能力の評価基準みたいなものも必要になってくるでしょう。地方に行くと「ゼネコンである程度の経験を積んだら、次は役所に転職して発注側になる」といったルートができていますが、そうした職能によって将来のキャリアが見えるような仕組みを作っていくことが必要かなと考えています。

今の若い人を見ているとキャリアアップについて真剣に考えている人が増えてきたと感じます。例えば、入社した会社でAという技術を覚えたら、次はBという技術を覚えるために転職する。そしてBという技術を身に付けたら再び転職するといったプランが典型です。

しかし、日本企業の教育制度は仕事をしながら、新しい仕事を覚えていくOJTが中心です。次のステップに上がるための知識をOJTだけで身に付けるのは難しい。

野原　ギルドやユニオンではありませんが、日本も明確な職能に特化した業界団体を作り、教育訓練制度などを通じて、その人の技能により支払われる金額が変わる仕組みを作る必要がありそうですね。

蟹澤 そうですね。そのために国にもいろいろ働きかけてはいるところです。

野原 次は、建設の魅力、いわゆるクリエイティブな部分は、どのように見出していけばいいのかお聞かせください。

志手 私は先ほど野原さんがおっしゃっていた「建設産業を〝再び魅力的な産業に〟」といった部分が少し気になっています。
昔のような何もないところに新しいものを作っていく。このような時代には、よほどのことがない限り、戻ることはありません。だから、「新しい魅力をどう作っていくのか」という話になるのだと思います。

野原 なるほど。再びではなく、新たな魅力づくりこそが必要だと。

志手　ええ。ところが、バブルが崩壊してから30年、新しい魅力を作るどころか、技術開発が停滞していきました。

建設投資が下がり、コストダウンの意識がどんどん強まり、新しいことに取り組む余裕がなくなったからです。コストカットのために現場監督の半分くらいは派遣社員に置き換えられ、施工図の作成も外注化。社員の賃金も削られていきました。

野原　先ほど蟹澤先生がおっしゃったように、どのゼネコンも技術力向上が頭打ちになり、競争のポイントが技術ではなく価格に移ったことも理由なのでしょうね。

志手　結果として、新しい技術開発はますます停滞する。

コストカットがもう文化として染みついているように見えますね。本来、設計者もゼネコンも発注者もみなプロジェクトのメンバーであり対等なはずです。コストカットで受注しようとか、そのしわ寄せを下請けに寄せていくのは早急にやめるべきです。

蟹澤　発注者のわがままに応じる過剰なサービスもやめた方がいい。それでもひと昔前は、基本的に同じ事業者に連続で依頼してきたので、今回は損するけれど継続的に発注してくれるから仕方ない、といった持ちつ持たれつの関係がありました。しかし最近は、安ければ他社のお得意さんにもどんどん乗り換えるようになり、産業全体が疲弊してきた。

野原 本来は、同じところに頼む方が、これまでの経緯や会社のことも分かっているので、経済的にもベネフィット（利益）があるはずですが、発注者が知識を蓄えたり、施工方法が標準化する中で、薄れてしまった。

志手 コスト競争やサービス競争をすることが産業全体の疲弊を招く状態は、おかしい。ゼネコンは競争するためにたくさんの事業者から取った見積もりを積み上げ、細かい資料を作成する。そこにどれだけの人件費が注ぎ込まれているのか。それで落札できなければ、全てが水の泡です。競争入札が本当に合理的なのか？　競争に人件費をかけるよりも他にお金をかけることがあるのではないでしょうか。

蟹澤 設計と施工を切り離して入札することはコスト競争になりやすいこともありますが、分けることで、設計、つまり絵を描く人と作る人が切り離されてしまった。作らない設計って面白くないし、作る人は単純作業ばかりになって、やはり面白くない。

アメリカやイギリスでは、デザインから施工まで一括して受けるデザインビルドや共同作業で設計するPCSA※1などが増えてきました。それは、日本と同様の問題が起きてきたからではないでしょうか。

野原　日本でもデザインビルド方式のメリットが少しずつ認識されてきたと聞きますね。

蟹澤　そしてやはりDX。デジタルの活用は、業務を効率化し、また仕事を面白くする大きな可能性を秘めているのではないでしょうか。

DXは、建設産業を照らすのか

野原　いまDXに期待されるというお話が出ました。
ただ一方で「製造業と比較して建設産業のデジタル活用がなかなか進んでいない」ともよく言われます。
その要因はどこにあるのでしょうか。

※1　PCSA
プレ・コンストラクション・サービス・アグリーメント。着工前の設計協力のための契約を指す。ゼネコンやサブコンなど施工に関わる企業が、早期に建設プロジェクトのデザイン、コスト、性能等の調整に関与することが可能

志手 私はその説には少し懐疑的なんです。本当に建設産業のデジタル活用は進んでいないのでしょうか？

製造業と建設業の一番の違いは作業する場所の違いです。作業場所や環境が常に変化する建設現場では、屋内工場での作業が主体の製造業と違って、ロボットなどで効率化することが難しい。

そういう場でデジタル活用が進んでいないと言えるのか、それとも、こういう場所でやっている割には、十分活用しているね、と言えるのか。そういう見方が非常に重要だと思います。

「製造業と比べてデジタル化が進んでいない」と言われ続けると、怒られているみたいな気持ちになってしまいますよね。しかし、実際、現場では、ＬＩＮＥのようなメッセンジャーツールでやりとりしたり、情報共有したりしています。

蟹澤 確かにおっしゃる通りですね。

そもそも建設には「一品生産」「現場生産」という大量生産が可能な製造業とは全く違う難しさがあります。そのため建設産業では昔から、デジタルの力で何とかできないのかという発想がありました。

すでに１９９０年代から３Ｄデータの活用やタブレットのような端末の導入にも積極的でした。デジタルの導入が難しいゆえに進んでいた部分もあったわけです。

志手　そうなんです。

その上で指摘したいのは、「ムダな最新技術の導入」も多々あったことです。

私自身、ゼネコン技術研究所出身なのでよくわかりますが、ゼネコンの研究部署は、新しい技術開発をしなければ評価されない世界です。なので、個別分散的にデジタルツールや効率化のためのシステムを開発して、社内で導入を促してきた歴史がある。

しかし、「最新技術の導入」ありきで、現場の視点が足りていない。現場はそんなものを求めていなかったり、使えなかったりするので、結局、普及しない。

過去、そんなことをずっと繰り返してきました。

ひるがえって、建設現場はＤＸが遅々として進まない、と指摘されるのは、現場のほうに過去のトラウマがあるからではないでしょうか。「また面倒なことだけさせるのか」といった思いがある気がします。

野原　本当に現場のためのツール、ＤＸなのか、と疑心暗鬼なわけですね。

志手　そう思います。わかりやすい例が、過剰なセキュリティだと思いますね。

建設現場には、いろんな会社のいろんな人が集まります。バラバラの彼らが情報共有のツールを入れようとすると、必ず「セキュリティ上の問題があるから使ってはいけない」とか「セキュリティ対策のため二重パスワードをつけなくてはいけない」となるわけです。けれど、速さと効率性を求められる現場で、そんな面倒なことを要求されたらイヤになるに決まっています。

そもそも「これはセキュリティで屈強に守るべき情報なのか？」と見直す必要もある。例えば職人のＡさんとＢさんの「作業が終わりました」「では、私が現場に入ります」といったやりとりは、本当に漏れては困るのでしょうか？

野原　おっしゃる通りですね（笑）。

では、ＢＩＭ※2についてはいかがでしょうか？　企画段階から3次元で可視化でき、あらゆる設計段階から施工、維持管理まで一元管理できる利便性は、日本でも随分と知られてきたと思いますが。今後、どのように浸透していくと予想されていますか。

※2　BIM(Building Information Modeling)
建築物の情報を3Dデータ化し、設計から維持管理まであらゆる工程で利活用、業務効率化を図れる仕組みのこと

志手 まさにこれまでの新技術ありきの導入ではなく、現場のため、といった視点での普及が期待されます。

世界的にBIMが急速に広がり始めたのは、この5～6年ですが、もっとも導入が進んでいるのは、イギリスやアメリカだと思います。

面白いのが、BIMに取り組んでいた国と、最近取り入れた国で使い方が二分されていること。イギリスやアメリカは設計からBIMに入れている。一方日本は、1990年代からすでに大手ゼネコンが3DCADに取り組んでいた歴史があったので、施工側から入っている。

野原 設計側から入るのと、施工側から入るのでは、どのような違いが出てくるのでしょうか。

志手 欧米の設計事務所などに行くと、社員のパソコンには必ず「Revit」などのBIMソフトが立ち上がっている状態で、普通の道具として使っています。誰かがモデリングしたデータから数字を出すとか、情報を出すとか、あるいは、そこに情報を入れるといった具合に、普通に設計業務などに使っています。ところが、施工側ではアナログなままだったりします。
日本は、まったく逆。デジタル化が施工の方から入ってきたので、施工計画や掘削計画などは、世界でも稀に見る精緻なモデルを作り上げている。ところが設計の方は図面化するための道具くらいにしか考えていない。だから、日本が一方的に遅れているとは思わない。欧米と日本では得意な分野の違いだと思います。

野原　それぞれ強み、弱みがあるわけですね。

志手　問題は、次に来ている国です。この5〜6年の間にBIMを取り入れ始めた国は、BIMを使用して情報管理を行うための国際規格「ISO19650」※3をベースにしています。みんなが共通のガイドラインを認識しながら、スピード感をもって巨大なプロジェクトを進めていくことができるようになるわけです。それが、ベトナム、マレーシア、中国、あとは南米ですね。今後、さらに大きなプレゼンスを発揮していくのではないでしょうか。

野原　中東はどうでしょう?

※3　ISO19650
BIMで構築された資産の情報管理のために定められた国際規格。大手ゼネコンを中心に認証取得が進んでいる

志手　中東も欧米のプロジェクトマネジメントが入っていますので、BIMを使う国が増えていくでしょう。アメリカは、そうした時代に向けて自国のガイドラインを改定してうまく国際規格に合わせたりしている。

蟹澤　イギリスは、BIMが登場する以前から、発注側と施工側の対立や、建設産業の生産性の低下に悩んでいました。1994年に業界で改善すべき点を指摘したレイサム・レポートが出され、話題になりました。BIMが出てきたときに、こうした問題点を解決できる良いものが出てきたと捉えられたわけです。つまり設計目線と発注者目線があるわけです。

志手　いずれにしても、このコラボレーションに日本が乗り遅れると、海外で勝負できない国になっていく可能性が高い。

野原　ISO19650は当社でも、取得しようと考えているのですが、ゼネコンでも取得しているところは少ないと聞きます。日本での浸透が鈍い理由は、何かあるのでしょうか？

志手　免罪符のように「日本の商習慣に合わない」なんて言葉を使う人が多いのですが、それは、「新しいことはもういいです」と言っているように感じます。

日本人は3次元など新しいツールには興味津々で飛びつくのですが、自分たちの仕事のやり方を変えなくてはならないことには関心が極めて低い。日本の中で仕事をしているからという理由であれば、それはそれでいいのかもしれませんが、国内市場そのものが縮小していく中では、意識を変えていく必要があります。

野原 抵抗というよりも、仕事の進め方を変えることに無関心なのですね。

志手 例えばISO19650の中に書いてあるのは「ファイルの命名規則を共有しましょう」「発注要件には、こういうことを書きましょう」「BIMがどのように実行されているのか、このタイミングで明確にしましょう」など基本的な協働の心構えやルールづくりのようなものです。

大勢が関わるプロジェクトを進めるためには、やるのが当たり前のことばかり。日本の建設産業は、この基礎的なことが共通認識できていないので、現場が混乱したり、どの図面が最新なのか、どこを修正したのか分からないといったことが頻繁に起こったりするのかもしれませんね。

BIMの導入は何を変え、どんな意味を持つのか

野原　BIMの導入によって、建設産業の流儀はどのように変わっていくのでしょうか。

志手　大きな意味でのコミュニケーションは変わりますよね。設計側でやりたいことが明確に現場に伝わり、差し戻しも少なくなる。効率化がはかれるから、人材不足で悩む産業にとっては大きな意味があります。

野原　発注者、設計者、元請け、下請けなどのプロジェクトのメンバー同士の関係性は、どのように変わっていくでしょう。

蟹澤　これまで元請け、下請けなど重層的に重なり、小さな会社や一人ひとりの存在は、その下に隠れていました。

そもそも仕事が細分化されすぎていたといった問題もあります。例えば現場の職種は、ヨーロッパやアジアでは躯体式工事と湿式工事と乾式工事と設備など大分類でやっていますが、日本では、マンションを例にとれば、発注する職種は100くらいあります。

壁の下地の人と、ボードの人とクロスの人が違うとか、コンセントの配線をする人とコンセントカバーをつける人が違うとか。

こうした細分化の無駄な部分もＢＩＭ化によって明らかになり、現場の人も効率的に働けるようになるはずです。

また、ＢＩＭをはじめ、デジタル化によって、そうした一人ひとりに光があたるようになると思います。役割や能力もはっきりと評価できるようになり、川上から川下まで、建設産業で働く人はやりがいを感じられるようになるはずです。

野原　それは建設業の仕事の面白さを取り戻すことにもつながりそうですね。

蟹澤　これまで、デザインや設計とものづくりの現場は分断されていましたが、ＢＩＭによって、再統合され、もっとも面白い「創る」という作業が戻ってくると言えるでしょう。例えば、３Ｄプリンタを思い浮かべれば分かりやすいと思いますが、ＢＩＭを機械とつなげばいろいろな加工ができるようになっています。

欧米の大学、最近はアジアでも、デザイナーや設計者が自分たちで作り始めるようになってきました。社会課題を解決するアイデアを、設計に落とし込んで、施工にまでシームレスにつなげやすい、誰しもものづくりを楽しみ、社会の役に立てられる世の中が生まれるかもしれません。

志手　実際、アメリカの設計事務所は、工房を持つところも増えてきました。内装や施工まで自分たちでやるところが増えていますよね。

ただ、どれだけＤＸが進んでも、ＡＩが高度化しても、恐らく建設産業は、いい意味でも悪い意味でも労働集約的な産業なので、人間の仕事はなくならない。

ベーシックな知識はみんなで共有しなければいけない。これまでの建設産業は、それが弱かったと思います。要はＯＪＴに頼りすぎて、会社の常識は知っているが、建設産業の常識は知りませんでしたということになっている。

ＤＸは、会社の垣根を限りなく低くしていくので、本質的に必要な知識を身に付けることが重要になってきます。それができた人が輝く、そんな世界になるでしょう。

蟹澤　志手先生の話を聞いて思ったのですが、実は建設業は地域性の高い仕事。能登の震災でも、テレビには映らないけど、真っ先に建設会社が道路の片付けなどをしている。実は準公務員のような町全体を考える素晴らしい仕事です。

デジタル化によって、東京に出てくる必要性は次第になくなってきているので地域密着の働き方もやりやすくなります。すでに、地域で活き活きと働く若い人を見かけることも増えました。ＤＸの分野では、こういう人たちの活動をサポートできることはたくさんありそうですね。

野原　本日はありがとうございました。

第2章

メディアから見た建設産業の近未来像とは

株式会社 日刊建設通信新聞社
執行役員 編集局長

佐藤俊之

1992年、東北大学農学部卒。ソフトウエア会社、広告代理店などを経て2001年に株式会社日刊建設通信新聞社に入社。主に国出先機関、地方自治体、地域建設産業を担当。2022年6月、編集局長、2023年8月執行役員編集局長(現職)。

×

株式会社 日刊建設工業新聞社
編集局部長

牧野洋久

1997年、東京都立大学工学部卒。建設会社などを経て、2001年に日刊建設工業新聞社に入社、2021年より現職。国土交通省などの中央省庁や日本建設業連合会などの業界団体を担当した後、東北支社勤務を経て、現在は主に民間企業を取材。保有資格は、1級土木施工管理技士、宅地建物取引士。

×

株式会社 建築技術
編集長

橋戸央樹

2011年、東京理科大経営学部卒。不動産会社、建設会社を経て、株式会社 建築技術に入社。2020年、編集長(現職)。近年の注目分野は「建築分野における情報活用」等。

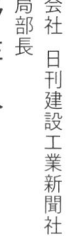

時間外労働時間の上限規制で始まる、建設産業の新しい働き方
デジタル化の波が押し寄せる中、建設産業はその姿を変えていく
DXで新たな価値を創造し、建設産業から社会に変化を起こす

2024年問題は前向きに捉えるべきトピック

野原　建設産業に特化をしたメディアの方々に、建設産業が抱える課題と真因、さらには解決策、未来の在り方についてのお考えをお聞きします。本題に入る前に、皆様の会社や媒体の概要をご紹介ください。

佐藤　日刊建設通信新聞社の佐藤です。「建設通信新聞」は1950年3月に創刊し、2025年で75周年、これに先立ち2024年7月には発刊2万号の節目を迎えました。東京本社以外に全国12ヵ所に事業所を設けています。これは建設専門紙の中では最多です。読

者層は大手・準大手・中堅ゼネコン、地域建設業、官公庁、設計事務所、建設関連企業などの方々です。

企業憲章である「すべては建設産業のために」という理念に沿って情報を発信しています。従来の紙媒体に加え、2011年には電子版をリリースしており、2021年からはメールで配信する速報ニュース、動画ニュースにも力を入れています。創刊当時は建築に関するコンテンツが中心でした。その名残もあって、BIMに関しても大型の特集やセミナー、ライブ配信などを実施しています。専門工事業向けの「職人通信」も年数回のページで新聞掲載しています。

牧野　日刊建設工業新聞社の牧野です。建設産業の専門紙「日刊建設工業新聞」を日刊で出しており、2023年で創立95周年を迎えました。

主な取材対象は国土交通省をはじめとする公的発注機関、ゼネコンやサブコン、資材メーカー、建築設計事務所、建設コンサルタントなどです。日々の建設行政や建設プロジェクトの動き、新しい商品・サービスに関する記事を書くことに加え、年に一度東京と大阪で建設技術展を開催しています。さまざまなテーマを扱うカンファレンス「建設未来フォーラム」にも力を入れています。

橋戸　月刊建築技術の橋戸と申します。私は雑誌制作に携わっているため、雑誌編集者の雑多な感想としてお話をさせていただければと思います。
　月刊建築技術は１９５０年に創刊された建築専門の月刊誌です。主な読者層は、構造設計・設備設計・環境設計などに携わる建築系エンジニア、ゼネコンや製造メーカーなどの施工や製造に携わる方々、大学や研究所などの研究者となります。また、建築実務者が使える情報を発信するという考えの下、建築に関わる多様な話題を取り上げるという方針で雑誌制作を行っています。

野原　ありがとうございます。それではまず、２０２４年問題※1について伺います。法律が建設産業にも適用された２０２４年４月以降は、労働基準監督署による抜き打ち検査の実施や違反企業に対する罰則、社名公開などが科せられますが、時間外労働の上限規制はどの程度浸透すると思いますか。また、業種や職種ごとに濃淡の違いが予測されるのであれば、お教えください。

橋戸　法令順守という観点で言えば、浸透度は数年でほぼ１００％になるのではないでしょうか。付随する話として、現在の工事期間が適正なのか？　という議論もあると思いま

※1　2024年問題
2019年4月に施行された「働き方改革関連法」だが建設産業では2024年3月末まで5年間の施行猶予があり、それまでに労働問題の諸問題の解決を図る必要があったこと

す。設計者や施工者だけでなく、発注者にも時間外労働の上限規制を念頭に、無理のない工期での発注が求められてくると思います。

また、時間外労働の上限規制により、働く人にとっては余暇時間が増えることになると思うので、学びの機会などを増やしていくと良いのではないでしょうか。

野原 余暇が増え、働く時間以外を社会生活や自己研鑽、リスキリング（職業能力の再開発・再教育）に充てるのが法律の趣旨であり、確かに一方的にネガティブに捉える必要はありませんね。

佐藤 基本的には罰則付きの法律ですから、各社ともコンプライアンスの観点から上限規制に対応すると思いますし、対応しなければなりません。ただし、上限規制の適用が5年間、猶予されてきたのには、理由がいくつかあります。建設業は、恒常的に残業の多い業種だった。なぜか？　一つには工期の問題があると思います。日本のプロジェクトは公共、民間問わず工期厳守の側面があります。特にオリンピックや万博などのイベント開催日が決まっていたり、マンションなども入居日が決まっている、道路も開通日が決まっていたりと、工期を延長するのが難しいプロジェクトが多いように思います。しかも適正工期とは言えないようなエ期のプロジェクトも散見されます。基本的に屋外での作業になりますから、天候にも左右され、その分、工期にしわ寄せがいきます。さらに、建設企業が構築する構造物、病院や学校、オフィスビルなどの建築物に限らず、道路やダム、トンネルといった土木構造物を含めて基本的にはすべて一品受注生産で、一つとして同じものがありません。工場で大量生産する工業製品のように自動化やロボット化などの合理化がしにくいため、思うように生産性向上ができません。

今までは工事の遅れを残業によってカバーしてきた面がありますが、上限規制によって無理が利かなくなりますので、単純に考えれば現場の建設技能者を増やして対応するしかありません。当然、建設コストは上昇しますし、人手不足、担い手不足が深刻化しつつある中、人員増強も簡単ではありません。

業種や職種ごとの濃淡もあると思います。コンクリート圧送業など車両系建設機械を扱う専門工事業にとっては、会社と現場を往復する回送時間が労働時間とみなされる点が頭の痛い問題と聞きます。

一方、4月から始まるのは規制ではなく、好循環のスタートととらえて取り組んでいきただきたい。工期の問題に関しては発注者・施主の理解と協力なしでは成り立ちません。また、専門工事業にとっては元請け企業の配慮も必要です。日本の社会全体で許容すべきというか、受けとめなければならない問題かと思います。

牧野 肌感覚からすると、蓋を開いてみないとわからない面があるように感じています。人員が足りないという話は聞いていますし、物流業界の2024年問題の影響も受けるでしょう。建設産業だけでコントロールできない部分がありますので、工期が遅れるような事態が生じるかもしれません。

ただ、法律で定められている以上、順守することが大前提となります。現在は、良い意味でも悪い意味でもいろいろな情報が社会に出てくるようになりました。ブラックな状態で仕事をするという選択は、現実問題として難しくなるはずです。

業種別では、土木よりも建築の方が、建築の中でも設備関係が厳しい印象を受けています。昨今ですとエレベーターの取り付け工事等はかなり逼迫していると聞いています。一方で、昇降機メーカーでは工期を短くするためにさまざまな工夫をして生産性を高めている事例も目立ちます。上限規制が適用されて難しくなる部分と、生産性向上への努力とのせめぎ合いとも言えます。悲観せずに前向きに突破していくことが重要だと思います。

上限規制に対する認知度に関して、個人的に着目しているのは一般市民を含めた社会にどう浸透していくのかという点です。例えば大きなプロジェクトの工期が遅れると報じられることがあるかもしれません。その時に何が適切かという観点が大事になります。建設業に限らず社会のあらゆる場面で持続可能性が求められています。法規制前の工期が、長時間労働など誰かに無理を強いることで成立していたのであれば、規制後の工期の方が適切だと考えるべきではないでしょうか。

多様な人々がいきいきと働けなければ、人口減少下で社会基盤や安心・安全を支え続けられません。２０２４年問題は、建設業の仕事の在り方を変えると同時に、望ましい建設業の姿を社会に正しく理解してもらう良い機会だと考えます。

建設産業の価格決定力・価格調整力を上げることが重要

野原　今のお話と関連しますが、建設産業の一番の課題は何でしょうか。例えば、人手不足は建設産業だけに限った問題ではありませんが、野原グループが建設産業従事者１０００人に行った独自調査では、課題の1位は2年連続で人手不足でした。業種、職種で切り分けたときに、特徴的な課題があれば併せてお教えください。

佐藤　ご指摘の通りで、人手不足が最大の課題と言って間違いないでしょう。

現在は、首都圏に限らず全国の大都市で再開発事業が行われており、さらに各地で半導体工場やデータセンター、物流倉庫の建設が進み需要は旺盛です。特に半導体工場のインパクトは大きく、建設時に多くの労働者を必要とするだけでなく、竣工後に若い世代が就職先として選ぶことも多いようです。熊本に建設されたＴＳＭＣ（台湾の半導体メーカー）の大卒初任給は28万円で、これは県内の相場と比べると４割高、アルバイトの時給も２０００〜３０００円と高給です。

当社では毎年ゼネコンを対象に人材採用のアンケート調査を実施しています。大手〜準大手では、３００〜４００名の社員を採用していますが、こういった企業は半導体産業をはじめとする他の成長企業との採用競争に勝てるように初任給を引き上げています。ところが、中小企業や専門工事会社は簡単に賃上げができず、特に専門工事会社は日本の若者はほとんど入らず、外国人材ばかりだと聞きます。また、人手不足に限らず、生産性向上や脱炭素も課題として挙げられるでしょう。

野原　半導体工場もそうですが、北海道のニセコでも同様の話を聞きました。外国人観光客が宿泊するような新しい施設は賃金水準が高いので、新しい施設ができるたび、地域の人が取られ、介護などの仕事が成り立たないそうです。付加価値が高く儲かる産業が生まれること自体は喜ばしいのですが、そのしわ寄せとして建設業から人がいなくなるというのは、今後を考える上でも大事なポイントだと思います。

牧野　最大の課題は、持続可能な建設産業に転換できるかどうかだと思います。もしも、社会がそのサービスを不要だと考えれば、淘汰されてなくなっていきます。しかし、豊かな暮らしを続けるためには、建物にしてもインフラにしても整備して維持・管理する行為が不可欠です。市場経済の観点では、需給バランスで人が足りなくなると給与が上がるはずです。必要な産業であるにもかかわらず担い手が足りなくなるのであれば、しっかりと賃金が上がっていくべきでしょう。

労働人口が潤沢だった時代には、人を集めることができたので、たたき合いで仕事を受注するような状況もありました。けれど、これからの日本は、そうした考え方は成り立ちません。社会が必要とする価値ある基盤を提供していることに建設産業は自信を持ち、適正な価格で作っていくようにしないといけません。

時間外労働を法律で規制し、他の産業と同じような形にすることに対して誰も文句は言えないはずです。正しいことを進める中、建設産業の価格決定力・価格調整力を上げるこ

とが重要だと感じています。

また、しわ寄せなき改革を実現することも重要です。サプライチェーンを構成する全ての人たちが、欠かすことのできないパートナーです。今は国土交通省をはじめとする発注者やゼネコンも、パートナーシップでものを作っていくことを明確に打ち出しています。そういった点をもっと意識すべきでしょう。

発注者と元請け、下請けという業界全体だけではなく、一つの組織内でのしわ寄せを防ぐことも大事です。例えば、若い人の残業を減らして労働環境を改善することは良いことですが、その過程で中間管理職の負担が過度に増えるようでは、若い人は上を目指さなくなります。それでは持続可能な組織になりません。

あるエコノミストが、若年層に手厚く配分することがトレンドになった結果、管理職の負担が増えて、コストパフォーマンスが著しく低下していると指摘していました。若者の管理職離れは必然で、管理職不足は現実的なリスクと警鐘を鳴らしています。若手もベテランも全ての人を大事にする組織を作れるかどうかという点も、大きなポイントになるように思います。

野原　おっしゃる通りで、仕事をする上での制約が多くなると「発注者の言い値で価格が決まる」ことは難しくなり、下請け企業に押し返す力が出てくるかもしれません。建設産業には重層下請けの構造があり、下に行くほど力が弱くなります。中でも一人親方には押し返す力がないことが課題でしたが、需給が締まってくると、こういった点は改善されるのでしょうか。

牧野 例えば、同じように2024年問題を抱える物流業界では、優秀なドライバーがブラックな企業から離れていく動きがあるそうです。運転技能があれば転職できるので、ドライバーに交渉力があるのかもしれません。

建設産業では地域や技能に縛られる要素もありますので、まったく同じことが起きるとは思いませんが、「しっかりとした処遇や労働環境の会社でなければ働かない」という意識が広がると地殻変動のようなことが起きる可能性があります。

ある建設会社では、外部のコンサルタントを入れて、協力会社との結びつきを強くするためのプランニングに取り組んでいると聞いています。協力会社から選ばれるようにしなければ、5年後、10年後の競争力が揺らぎかねないと危機感を抱く方はいます。より良い関係性を構築しようとする動きに期待したいですね。

橋戸　既にご指摘がありましたが、人手不足への対応、エンボディドカーボン※2の削減、フロントローディング化、物流の話など、設計や生産の話ももちろんですが、建築の価値を建設産業以外の方々も含めて、広く認知してもらうことが重要ではないでしょうか。

例えば、ZEB※3認証を取得したオフィスビルを考えた場合、ZEB認証を取得することで賃料が相場より高く設定できると、発注者としても認証を取得する動機付けになると思います。そのために、ZEB認証を取得している建物だから相場より少し高くても入居したいという方々が増えることが理想だと思います。

最近のディベロッパーのテレビCMなどにおいて、地球環境に配慮したグリーンビルディングを押し出すようなPRが積極的になされていると思いますが、そういった取り組みを通して建築の価値を広く認識してもらえると良いのではないでしょうか。

また、例えば人手不足だからこそプレキャスト化やデジタル活用といった生産性向上の動機付けが働くという側面もあると思います。私は雑誌を作っているので、問題提起というよりも、その問題を解決するための創意工夫を紹介したいと考えています。

さらに言えば、そういった創意工夫により、新しい技術や他社との差別化を図り、受注額を維持や増加できると良いと思います。造形的に複雑な建物が増えている印象ですが、そういった造形に対応できる技術を持つ企業は価格交渉においても優位になるのではないで

※2　エンボディドカーボン
建物やインフラの建設や改修に際して排出される温室効果ガス量を指す

しょうか。

野原 建設や設計には請負契約の場合が多くあります。今おっしゃったようなマーケティングをして、付加価値をエンドユーザーに伝えていくのはなかなか難しいと思われてきました。

ただ、請負であっても戦略は立てられるし、できることはあるということですね。

高まるDXへの関心が建設産業の課題を解消する

野原 先ほど挙がった課題に対して、解決策として期待されているものにはどのようなものがありますか。「BIM」や「施工ロボット」「ICT（Information and Communication Technology・情報通信技術）建機」「VR（Virtual Reality・仮想現実）」「AR（Augmented Reality・拡張現実）」など、建設DXへの取り組みは、その一つだと思います。

特に「BIM」は2023年末の建築の先端技術展「JAPAN BUILD」でも、出展社数も来場者数も年々増えており、当社でもより注目が集まっていると感じています。メ

※3 ZEB
Net Zero Energy Building／ネット・ゼロ・エネルギー・ビルの略称。建物で消費する年間の一次エネルギーの収支をゼロにすることを目指した建物

ディアとして注目している分野、領域が具体的にあればそれも教えてください。

佐藤　２００９年は「ＢＩＭ元年」と言われています。建設通信新聞では、その前年から特集を組むなど、積極的に取材をしてきました。また、日本建設業連合会や土木学会土木情報学委員会とのタイアップによるセミナーも開催しています。このように、特集、セミナー、ライブを継続できているのは、それだけ関心が高いということであり、それは生産性の向上、建設ＤＸの必要性に迫られている証拠でしょう。

ただし、ＢＩＭやＣＩＭ[※4]に関しては設計から施工、維持管理までプロセス間の連携に課題も多いと聞いています。人材育成などを通じて解消されると普及は一気に加速するでしょう。野原グループの「BuildApp」[※5]は内装工事と建具工事をメインに展開していますが、今後さらに範囲を拡大されていくとのことなので、期待している方は多いと思います。

橋戸　設計・施工段階において、ＢＩＭを活用した実例は多くあると思います。一方で、３ＤＣＡＤ的な使われ方が多いと感じており、インフォメーションの部分をどのように活用しているかに興味があります。

具体的には、部材発注業務や積算業務などへの活用例が増えてくることに期待をしてい

※4　CIM
Construction Information Modeling。建設情報のモデル化を指す。日本国内では、建築がBIM、土木がCIMと大まかに分類されている

ます。また、設計や施工段階だけでなく、維持管理にもＢＩＭデータを活用できれば良いと思いますが、この部分は課題が多いようですね。

建築は30～50年といった長い時間使われていくので、例えば「30年前のデータを開くことはできるのか」とか「そもそもアプリケーション側が保守されているのか？」など、ＢＩＭデータを長期間運用していくための課題整理が必要だと感じています。

建築ＢＩＭを社会実装していく上では、個々の企業や団体の取り組みだけでなく、国や自治体といった行政側の制度整備にも注目をしています。

野原　データ管理については、データ管理の標準や基準などを作らずに、今のまま放置をしておくと、将来の効率的な保守管理ができなくなるなど、リスクが高いのかもしれませんね。

牧野　持続可能な建設産業にしようと政府・与党の動きが加速しています。

注目しているのが、２０２４年通常国会で成立した公共工事品質確保促進法（公共工事品確法）や建設業法、公共工事入札契約適正化法（入契法）などの「第３次担い手３法」です。中央建設業審議会（中建審）が作成・勧告する「標準労務費」を基準に、著しく低い労務費

※5　BuildApp
野原グループが2023年12月にサービス提供を開始したBIM設計 - 製造 - 施工支援プラットフォーム。詳しくは第6章で解説

による受注者の見積もり提出などを禁止する措置が講じられる方向です。設計労務単価は12年連続で上昇しています。日本建設業連合会（日建連）や全国建設業協会（全建）が掲げている「新４Ｋ（給与・休暇・希望・かっこいい）」への変革に大変期待しています。

ＤＸへの関心は非常に高まっています。個人的に注目しているのは、物の作り方の変化です。ＢＩＭ／ＣＩＭなど３Ｄデータを起点にして、デジタルファブリケーションや３Ｄプリンター、ドローンの活用が広がっています。ロボットが人間のように全ての作業をするのはかなり先でしょうが、任せられる作業は増えています。鉄筋コンクリート造が開発されて巨大建造物が作れるようになったような大きな変化が、もしかしたら起きるかもしれないと感じる時もあります。

チャットＧＰＴ（ChatGPT）[※6]をはじめとする大規模言語モデルが進化して、情報を効率的に取り出せるようになってきました。建設ＤＸに関する取材先企業に聞くと、ＢＩＭから特定の部材数など必要な情報を取り出したり、画像から現場の状況を説明したりする技術ができようとしているそうです。

ＢＩＭを読み解くハードルが下がれば、新しい使われ方が出てくるでしょう。例えば、「子育て目線から改善点を指摘してください」「インバウンドを呼び込むためにどうしたらいいですか？」などアイデアを出してもらうようになれば、プロジェクトの検討の在り方

※6　ChatGPT
文章による質問の内容を適切に理解し回答を生成できる、会話型AI（人口知能）サービス、またはその元となる会話型言語モデルを指す

が変わるかもしれません。

ＢＩＭが浸透して当たり前の存在になれば、良い意味で意識されなくなると思います。例えばスマートフォンは作り方を一切知らなくても、自在に使いこなすことができます。端末は基盤として大事ですが、ユーザーからすればどのようなアプリを入れて使うかの方が重要です。もちろん、ＢＩＭデータはプロがしっかりと作り込む必要がありますが、専門家以外もさまざまな場面でＢＩＭを活用するようになればもっと面白くなるはずです。

野原社長がゲームチェンジとおっしゃっているように、新しい形に変わっていく兆しを感じています。ＡＩに精通した若い世代が入ってきています。なぜかと聞きますと、建設産業の仕事が難しいからだと言います。デジタルの中で完結するＩＴ分野と異なり、建設はまだまだできていないことがたくさんあります。図面など非公開の情報を用いる必要がありますので、巨大ＩＴ企業でも踏み込めていません。そういった世界でものづくりをするのは、すごいチャレンジングなことであり、魅力的に映っているのです。

野原　建設産業内で言うと、全ての会社、全てのプロジェクトがＢＩＭを使うようなことにはならないという肌感覚がある一方で、一定規模以上のプロジェクトでは当たり前のように使われ始めています。今後は、その中のアプリケーションを考えたり、何ができるかを創造的に展開したりするようになるのだと思います。いろんな課題・制約が増えている産業でありますが非常に面白く、今は変化の節目にあると思っています。

より良い仕事を選ぶ際にCCUSが武器になる

野原　働き方改革も建設産業で求められているところですが、建設現場はいわゆる「3K」(キツイ・キタナイ・キケン)と言われてきました。高齢化もあり優秀な技能工の数が減る、あるいは技術継承がされないことについて、どのようにお考えでしょうか。

例えばCCUS[※7]は、「職人の賃金を上げる」ことを目的として始まり、業界団体も登録を呼びかけています。一方で建設現場からは登録したものの、実際に賃金アップにつながっている実感がないという声もあり、ギャップが生じています。

新・担い手3法など政府の姿勢も変わりつつあり、今後、高齢化で労働の需給がタイトになると自然と賃金が上がるという見方もありますが、こうした問題を乗り越えるために、国や業界団体の打ち手として、どのようなことがあると思われますか。

※7　CCUS
建設キャリアアップシステム。技能者が、技能・経験に応じて適切に処遇される建設業を目指して、技能者の資格や現場での就業履歴等を登録・蓄積し、能力評価につなげる仕組みのこと

牧野 ＣＣＵＳに対していろいろな意見があることは事実です。とはいえ登録者数は間違いなく増えていますし、規模のインパクトは確実にあります。

働く方たちが処遇の良い職場を選んでいくためには、どういう現場でどういう経験をしてきたのかをしっかりと説明する必要があります。それがあるからこそ、「こういう報酬をもらうべきだ」と言えると思うのですが、今まではなかなか難しかったはずです。これまでの経験を客観的に見える化するＣＣＵＳは大きな力になるはずです。

昔から優秀な職人は、良い相手や良い仕事を選んできたでしょうし、これからも同様でしょう。現状は生みの苦しみの時期かもしれませんが、専門紙としてＣＣＵＳをプラスに活用していくプレイヤーをしっかり情報発信していきたいと思っています。

佐藤 ２０２４年2月末時点におけるＣＣＵＳの技能者登録数は約１４０万人。技能者全体が約３２０万人と推計される中、登録率は４割を超えています。大手ゼネコンから聞いたところによると、現場への入場者の約75％が登録しているとのことなので、大手ゼネコンが手掛ける現場ではほぼ目標に達しています。

片や住宅工事や、地域の建設現場で働く方の多くは未登録と見られます。また、就業履歴（カードタッチ）数はまだ十分に増えておらず、本来の目標には道半ばです。

要因の一つは能力評価制度（レベル判定）の申請が低調であるということ。レベル1から最高4まで段階的に上がる仕組みですが、登録しただけで能力評価の申請をしないのでレベル1のままというケースが多いようです。2023年2月時点の登録者111万人のうちレベル1は93％を占め、レベル2以上は7％にとどまっています。

国土交通省は、2024年4月以降はワンストップで登録とレベル判定ができるよう仕組みを変更する予定です。CCUSが普及し、本来の目的を達成できると、賃金アップにつながると思います。

野原　2023年夏の登録者数は90万人程度だったので、着実に増えているようですね。

橋戸　大規模言語モデルやチュートリアルの充実などが役立つのではないでしょうか。例えば、RC工事のポイントや注意点を教えてくれる大規模言語モデルがあれば、そこに質問を投げ込むことで回答が得られ、それに付随するチュートリアルの動画が見られるといったサービスは増えてくると思います。

また、VRやMRなどを使ったチュートリアルが体験できる仕組みができれば面白いですよね。もちろん、大規模言語モデルからの回答やチュートリアル動画だけでは完全な技術継承は達成できないと思いますが、ある程度は役に立つのではないでしょうか。
また、標準化も有効ではないかと思います。建築は一品生産品なので、全てを標準化することは難しいと思いますが、生産性向上や品質確保の点から考えても標準化を進めることは意味があると思います。

野原　チュートリアルの話は面白く、個人的にはそういう方法は有効だと思いました。一方で標準化については、例えば、標準詳細図がない現場があまりにも多いのは、建設産業の課題です。多くのことをその場で決めて、一品生産で作れば間違いだって起きやすくなります。標準を決めておくことでトラブルの解消につながりますから、海外でも標準化が増えてきていると理解をしています。

橋戸　おそらくですが、ゼネコンの利益の源泉が一品生産に由来する部分があるのかもしれません。

地道な情報発信や労働環境の整備が魅力向上につながる

野原　かつて大工などは稼げる仕事であり、子どもたちの憧れの職業でしたが、最近は残念ながら人気の職業とは呼べなくなっています。

加えて建設産業は、他の産業と比較しても、従事者の高齢化が顕著ですが、一方で入職者、特に「若手の新規入職」の取り組みには苦労をしています。若手に、建設産業での働き甲斐や魅力が伝わっていないのでしょうか？　この点について、皆さんの所感や取材先での声があればお教えください。

橋戸　アトリエ系の設計事務所や専門工事会社の方からはリクルートが大変という話はよく耳にしますね。理由はいろいろあると思いますが、学生への認知度が低い点も一因ではないでしょうか。その意味において、ＳＮＳを使って仕事内容や魅力を発信していくことは有効だと思います。

動画サイトに一つの建築が出来上がっていく過程をドキュメンタリーとして公開するといったことも行われていますよね。加えて、福利厚生の充実や子育て支援の充実など、働きやすい環境を整備することも求められると思います。

また、最近では建設業に特化した人材派遣や求人サイトもあるので、そういったウェブサイトに建設産業の魅力が分かるコンテンツを掲載していくことも有効ではないでしょうか。

佐藤　20年前、大工は小学生が憧れる職業のトップ10に入る仕事でしたが、今は圏外になりました。それは、間近に大工が働く姿を見る機会が少なくなったのが要因の一つでしょう。一方、若い建設業の技術者に聞くと、工事が完成した時の達成感や地域の人たちに喜ばれることが、誇りだと言います。

実際に働いている方が魅力ややりがいを感じているのは間違いないと思います。ついこの前も高校生が参加する技能実習の取材に行きましたが、みんな目を輝かせていて、リアルに体験することが、魅力を知る近道だと実感しました。

牧野　地道な発信が大事だと思っています。これまではテレビCMを打たないと建設会社のことを知ってもらえませんでしたが、今はSNSやホームページで情報を伝えられます。群馬県建設業協会が3月の大雪の際に除雪の様子をX（旧Twitter）で発信したところ、5000を超す閲覧がありました。

建設にも関連するある会社が、2022年からイラストを使ったコンテンツを毎日アップしていたら、フォロワーが5000人に到達したそうです。この会社の経営者が学校説明会に訪れると、SNSがきっかけで知ってもらえた学生がいたと聞きました。情報発信に対して建設産業は、もっと能動的になってよいと思います。

積極的に若者を採用している鳶工の会社では、親御さんから業務が危険そうだと入社を反対された内定者がいました。その内定者から「両親を説得してほしい」と頼まれたそうです。その会社のホームページでは、まず第一に安心・安全について述べてあり、その次に事業内容や会社概要が続くという構成にしています。そうした例を出しながら、とにかく安全を大事にしていると猛烈にアピールし、また十分な休みも取れるなど、働き方についても伝えたところ、説得がうまくいって、「息子をよろしくお願いします」と頭を下げられたと言っていました。

建設はBtoBのビジネスですが、最終的な発注者やユーザーはCになります。一般人や社会に向けた意識を高め、自分たちの仕事を発信することも大切です。専門紙ではありますが、一般市民への魅力発信にも貢献していきたいと思っています。

野原　BtoCの視点はおっしゃる通りで、みんなが意識し始めているところだと感じています。上場ゼネコンなどでは、メディアを通した発信を増やしていて、基本的な認知の底

上げに努めています。一方で、この産業の印象や認知度をどのように変えていくか、一般消費者とのギャップもあり、さらなる取り組みが求められます。

クリエイティブかつダイバーシティな産業への変革

野原　最後に、建設産業の将来像についてお聞きします。建設産業に関わる誰もが、楽しく、クリエイティブに働け、課題を乗り越え、かつての輝きを取り戻すために必要なことは何だと思われますか。また、その中でのメディアの使命や役割はどのように変わっていくのでしょうか。

佐藤　引き続き、技術開発や技術革新が求められます。人手不足の解決策としての生産性向上、品質の確保はもちろんですが、中でも現場の安全に寄与する技術が必要でしょう。牧野さんがおっしゃった新４Ｋの取り組みは当然ながら、その前に旧３Ｋ（キツイ、キタナイ、キケン）を本当の意味で払しょくする、現場で労働災害を起こさない技術を確立させないといけません。

我々メディアの基本姿勢は大きく変わりませんが、ICTなどを十分に活用しながら今後もより速く正確に深く情報を提供していきたい所存です。また、電子版や動画ニュースも充実させ、建設産業を志す高校生や大学生に、仕事の魅力を伝えられるコンテンツづくりを使命にしたいと思います。

橋戸 佐藤さんのご意見に加えるとすると、建築や都市が持つ情報を活用していくことも重要だと思います。2020年にPLATEAU※8というプロジェクトが発足していますが、建築や都市の情報を活用できる仕組みができると面白いと思います。

建築は日々、多くの人が使うものなので、そこから得られる情報は膨大かつ多様です。現在は、センサーの性能向上や画像解析技術など、情報を収集し整理する技術も充実してきました。

プライバシーへの配慮など、クリアすべき課題はありますが、建築以外の分野の方々との協業も生まれると思いますし、人々の行動が情報として視覚化できると、多様な方々へ配慮した建築も生まれるのではないでしょうか。2021年には建築情報学会が設立されるなど、情報活用に向けた取り組みは始まっていますので、そういった活動についても、誌面で紹介できればと考えています。

※8　PLATEAU
国土交通省が主導する日本全国の3D都市モデルの整備・オープンデータ化プロジェクト。スマートシティをはじめとしたまちづくりのDXを進め、人間中心の社会を実現することを目指し、国土交通省が様々なプレイヤーと連携して推進している。

また、クリエイティブと言うとデザインに関わる業務を思い浮かべることが多いと思いますが、業種を問わずクリエイティブな側面はあると思っています。施工計画を考え、どうやって現場で配筋を納めようか、と思考を巡らせることも創造的な行為だと思います。そういったさまざまな創意工夫を雑誌として紹介したいと考えています。

牧野 ＤＸを取り入れて生産性を高め、働き方改革を進めることが必要です。グローバルに展開する外資系コンサルタントから、日本では経営層が貪欲にデジタルの知識を得て変革への経営判断を下すケースが少ないと聞きました。前向きに変化することに対する必要性を自覚し、リスキリングなど学びを通じて自信を持って物事を進める。そういう姿勢が求められるのは建設産業も同じではないでしょうか。

現状では仕事量がありますが、人口減少や財政制約などを考えると、中長期的に同じ状況が続くとは思えません。そういう共通認識はあるように思いますが、現場の繁忙が続く中で、変わるタイミングをつかめていないように感じます。２０２４年を起点に、自ら変革を主導する攻めのムーブメントを起こしていきたいですね。

建設産業の中を変えることは必要ですが、外にも目を向けなければなりません。脱炭素に取り組んで持続可能な地球にしていくことも大事です。建築設計の分野で、人間と自然環境がより良い形で共存していくための「リジェネラティブ（環境再生）デザイン」という考え方が言われています。より少ないエネルギーで再生産しながら豊かな暮らしを維持できる社会へと建設産業から変化を起こしていく。そんな前向きな産業は魅力的で、きっと優秀な人材も集まってきます。

大企業に加えて、地元企業でＤＸを取り入れて活き活きと活躍されている若手経営者もいらっしゃいます。そうした変革者を取り上げて盛り上げていきたいと思っています。

今の若い世代は、社会貢献に対する感度が高いと言われます。とても良い変化ですよね。建設産業は、社会や地域に貢献してきました。その大切さは時代が変わっても揺らぐことはありません。建設産業には変革が求められていますが、それと同時に、社会を守り続けるための地道な工事や災害対応など普遍的な役割も存在します。専門紙として「変わるべきこと」と「変えてはいけないこと」の両面を伝え続けていきます。

野原　個人的にはダイバーシティ[※9]が重要だと思っています。

この業界は建築やエンジニアリングが好きな人しか入ってきませんが、もっと広く捉えると発展する可能性が出て来ると思います。最終ユーザーの使い方を考えたり、次世代の素材技術やデジタル技術を導入するなど、建築について知らなくても携わることができる

※9　ダイバーシティ
Diversity。直訳で「多様性」を意味する言葉で、人種や性別、宗教、価値観、障がいなどさまざまな属性を持つ人々が、組織や集団において共存している状態

仕事が増えると、いろんな種類のダイバーシティが生かされ、建設産業の魅力につながっていくと感じています。

本日はありがとうございました。

第3章

「The職人」ベテランに聞く！建設現場で起きていること、これから起きること

取材協力　株式会社助太刀

「モノヅクリ」の感動や喜び、面白さが、建設産業の魅力
デジタル化が建設現場を着実に変革し始めている
建設DXが進むと、建設の仕事がより稼げる、魅力的な仕事になる

建設現場はどのように変わり始めているか

野原　この章では、リフォーム、電気工事、内装仕上げの現場で活躍するベテラン職人であると同時に組織の代表を務める3人の方に、現場の現状とこれからについてお話を伺います。

皆さんは長く建設産業で働かれていると伺っています。10年、20年と現場を見続けてきた中で、最近の建設現場で変わってきたと感じるところはありますでしょうか。

小泉　普段は電気工事を生業とした会社を営んでいて、新築の物件を多く手がけています。

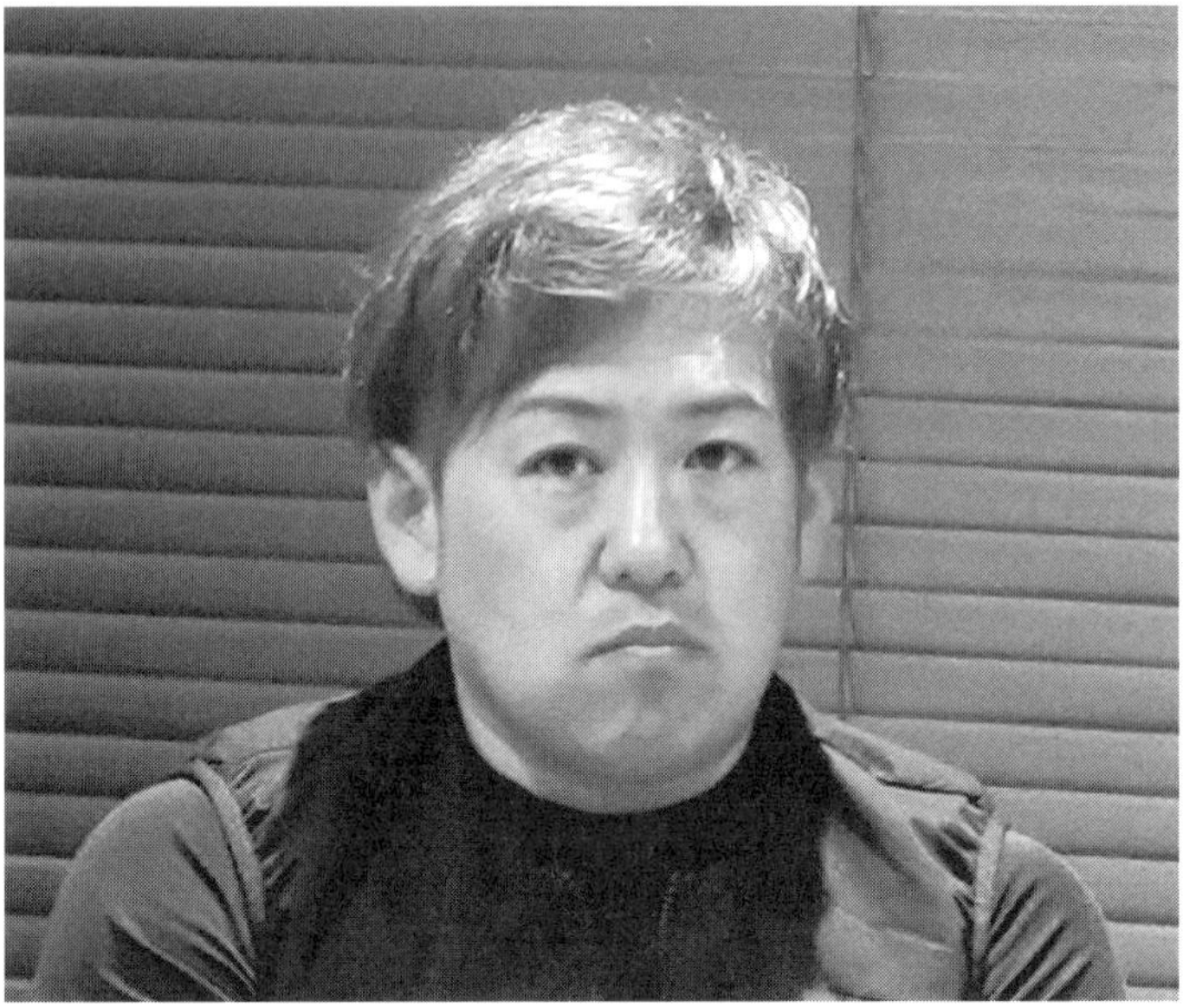

電気工事を生業に活躍される小泉社長　※対談にはオンラインでの参加になりました。

10年前と比べて、最も大きな変化は「スマートフォン（以下、スマホと省略）の普及」です。

昔は連絡を取り合うのが大変で、現場監督との調整に苦労していました。しかし今はスマホが普及し、LINEなどのアプリケーションが増えてきたので、コミュニケーションの形とスピードと質が変わりました。

従業員たちとのコミュニケーションで言えば隙間時間でも気軽に連絡がしやすくなりました。スピードの質という点でも、自分がいない現場で問題が起きた時に、以前なら私が現場を離れてその現場

リフォームに特化し活躍される豊崎社長

に向かって確認することがなくなり、すぐに解決できることが増えたと思います。

豊崎　当社はリフォームに特化した大工工事をしています。

ＬＩＮＥの登場は本当に画期的でした。撮影した写真をＬＩＮＥですぐに共有できるのが大きな変化です。トラブルが起きた個所を撮影して遠くにいる担当者に確認してもらえるので、現場間を移動する回数がすごく減ったと思います。

スマホがなかった時代は、問題が起きるたびに電話で「今すぐに

内装仕上げの現場で活躍する吉富社長

来い！」なんて現場に呼び出されるのは当たり前でしたので。

野原　反対に仕事のやり方やコミュニケーションなどについて、昔と今で変わっていないと感じるところはありますか？

吉富　私の主な仕事は窓ガラスへのフィルム貼りです。

事前に誰が現場に入るかという情報は提出していますし、グリーンサイト[※1]やキャリアアップシステム（CCUS・第2章78ページ参照）といった登録は済ませているのですが、新規入場者調査票を紙で提出

※1　グリーンサイト
施工体制や労務安全書類を作成・提出できるシステム

するのを求められるのは変わっていません。

昔よりも建設現場で働く外国人労働者が増えてきたこともあり、スマホのバーコードリーダーでQRコードを読み込んで入退場記録を付ける現場も増えてきています。

しかし、働いている人の大半が10年前、20年前と変わっていないせいか、昔ながらのやり方が残る現場はまだまだ多い印象です。このあたりの対応は、現場によって濃淡があります。

野原 確かに、スマホを使った入退場記録など、ゆっくりではありつつもデジタルの導入は進んでいます。

吉富 データをスマホでやりとりできるのは便利なんです。図面や指示書などのペーパーレス化も進んでいて、スマホの画面上で確認することも増えてきました。

ただ、ずっと紙を使った仕事に慣れ親しんできたので、画面上で見ることになかなか慣れない人も多いです。図面を見ながら電話ですり合わせできるのがベストですが、「電話しながらスマホ画面上の図面をどうやって見るんだ」と言われることもあります。そのためなのか、かえってミスが増えたという話も聞きます。

豊崎　リフォームにおける大工の仕事の仕方で言うと、この10～20年では、技術面はほとんど変わっていないと思います。材料も変わらないし、現場の条件も昔から同じです。その家に住む方の要求次第で現場ごとにやるべき仕事が変わりますから、標準化が難しいのです。

こうした部分は、10～20年というスパンではなく、もっと以前から変わっていないように思います。一方で、戸建住宅の新築工事では工場でプレカット※2した部材を組み立てるなど、簡便な工法が出てきていますね。

小泉　電気工事でもプレファブ※3で細かな配線が組まれた「ユニットケーブル」が普及したことで、ジョイントのつなぎ込みなどがすごく楽になりました。マンションなどの大きな建物を建てるときに仕事のスピードが大幅にアップしました。

とはいえ、全ての個所で使えるわけではないので、昔ながらの仕事の仕方は今でも残っています。また、便利な道具を使えるようになったとしても、配線の組み方を考えるような仕事の本質的な部分は変わらないと感じています。

吉富　ガラスでのフィルム貼りでは、安全や品質、コストのように求められるものは変わ

※2　プレカット
事前に(プレ)切断(カット)するの意。従来は、職人が現場で切断から加工、組み立てを行っていたが、プレカット工法では工場であらかじめカットした木材を現場まで運び、組み立てを行う

っていないと思います。

ただ、昔よりも機械で貼ることが増えてきましたね。

以前は飛散防止フィルム（ガラスが割れても破片が飛び散らないようにするフィルム）は現場で貼ることが多かったんですが、最近は、ほとんど工場で事前に貼るようになっています。ですから、最近は意匠性の高いフィルム貼りやレーザー加工といった技術が求められる仕事や、昔に貼ったフィルムを剥がして貼りなおす改修の仕事が増えています。

野原　リフォームの現場ではあまり仕事の仕方は変わっていない一方で、技術や環境の変化があった工事も多いというお話でした。道具や工法が変わっていくことで作業スピードが向上し、仕事が楽になったと感じる面はありますか？

豊崎　新築はかなり変わったのではないでしょうか。プレカットされた建材を使うと、墨付けが要らなくなります。

私は岩手県出身で、15歳から大工を始めて25年以上この仕事をしているのですが、当時は家を一棟建てるのに2〜3カ月かかるのが普通でした。今は着工から1カ月くらいで終えられる物件もあります。東京に出てきたときは、あまりに速く完成するのでビックリし

※3　プレファブ
プレファブリケーション。事前に（プレ）制作（ファブリケーション）するの意。各配管部材を現地で組み立てずに、事前に組み立てて、現地に運ぶ

ました。

小泉　電気工事も昔に比べると道具が発達したこともあって、進みは早くなりました。2人でやらないといけなかったところが1人で済むようになったケースもあるので、だいぶ施工が省力化していると思います。

吉富　確かに大工の領域で、仕事の質が変わったのはわかりやすい例ですね。「手刻み」※4とか、もともとの職人技がものすごいですからね。

　窓ガラスの領域に関して言うと、実はあまり生産性は変わっていないんです。以前に比べると気をつかわないといけない材料が増えてきているので、逆に手がかかるようになっているかもしれません。

野原　反対に、便利さから生まれた弊害のようなものを感じることはありますか？

豊崎　大工に関して言えば、年々技術の水準が落ちていると思います。

　昔の大工は、新築の時には自分で図面を描いていたんです。平面図から墨付け用に図面

※4　手刻み
構造材に墨付け、刻みと、大工が全ての工程を行い、建て上げる昔ながらの工法のこと

を起こしてから作業した。あの工程が大工の仕事の半分を占めるといわれるくらい大事な仕事だったのです。

今は新築はプレカットされた部材を組み立てるようになったので、その工程が要らなくなってしまいました。結果、新人の大工が建築の基礎を覚える機会が減ってしまったように思えます。

吉富　言い方は悪いかもしれませんが、職人から作業員になってしまったような気がします。便利で効率は良くなっているでしょうけど。

豊崎　そうなんですよ。それが嫌なので私は新築から離れて、リフォーム専業に切り替えたんです。新築は便利になっていく分、職人としての付加価値を出しにくくなりました。その点、リフォームは個人の技術差が出やすいので、品質の差を提示しやすいんです。

小泉　どう品質の差を出していくかというところは大事です。電気工事も便利にはなりましたけど、結局は施工する人がどんな価値を生み出すか、そうした意識の差で、品質は左右されると思っています。

建設産業で会社を経営する悩み

野原　皆さんは会社を経営されているので、そういった変化を責任者として肌で感じられているかと思います。経営者としての苦労や苦悩といった面のお話も伺いたいと思います。長年建設産業で働いてきて、今の時代だからこそ直面している課題や悩みにはどのようなものがあるでしょうか？

小泉　やはり人員不足が常にあります。電気工事の仕事はゼネコンから人数を集めるように求められることが多いですが、希望人数を集めるのが難しくなってきています。

ただ頭数が集まれば誰でもいいというわけではありません。自社で育成していくのはもちろん必要ですが、それでは足りないので、キャリア豊富な人に外注するケースも多くなります。

ただ最近は外注費が上がっているのが悩みどころです。いずれにしてもゼネコンからは品質とスピードを担保できる人を集めるように言われるので、なかなか大変です。

吉富　そうですね。フィルム工事も同じように人手が足りない、見つからないという状態が続いています。私も人手が足りない時には外注でお願いしていますが、やはりどこにいっても若い人がいません。お願いする人は大半が年上の方になり、今でも私が若い部類に入っています。

本当は自分のところで若い従業員を育てられるのが一番良いのでしょうけど、正直難しいです。実は……つい先日、唯一の従業員が辞めたいと言い出してしまって。どうやって若手と付き合い、育てていけばいいのか、本当に難しさを感じています。

野原 人集めが難しいだけでなく、定着させるのも難しいと。

吉富 そうです。辞める理由はお金であったり休みであったり、いろいろな要素があると思います。もしかしたら私の感覚が古くて、若い人の感覚とズレが生まれてしまったのかもしれない。そんなふうに自問自答もしてしまいますよね。

小泉 本当に難しいんですよ。当社は今でこそ10人の若い従業員が頑張ってくれていますが、去年は5人が入職して5人が辞めました。私も若い人たちと感覚を近づけた方が良いのかと考えて、社員同士が仲良くする環境を整備したり、私自身が友達のように付き合ったりしました。それでも5人全員が異なる理由で辞めていったので、さすがに人間不信になりそうでした。どうしたら良かったのか……。

豊崎　私も求人をかけて、入職した人を育てて独立させようと10年くらい頑張ったのですが、難しいですね。入職しても育つ前に、辞めてしまうんです。採用して、育てて、辞めて、の繰り返しがおきて、結局、外注ありきの仕事の回し方になります。

ですが、そもそも私は大工になりたくてこの仕事を始めたので、人材育成を諦めたくはない。なんとしても大工の人数を増やしたいという思いがありますので、3年ほど前から児童養護施設の高校生に大工の就労体験をさせる仕組みを作りました。

野原　具体的にどのような仕組みで高校生を受け入れているのですか？

豊崎　児童養護施設の社会的自立をサポートするNPO法人を作り、そこを通じて高校1年生の生徒を月に1、2回職場に招いています。

子どもたちにアルバイト代を払って大工の仕事を体験してもらいつつ、手に職をつけて働く機会を得てもらっています。これを3年間続けていくと、卒業時には基礎的な技術を学び終えた若手職人として活躍してもらえる。そのまま当社に入社してくれれば、すでに人間関係ができているのでスムーズに受け入れられます。

中には別の会社に行く人もいますが、求人広告を使わずに、毎年、高校生が入ってくるようになります。

小泉 素晴らしいアイデアと実行力ですね。

吉富 ちなみに豊崎社長の体感として、「若い人たちは優しく指導した方が定着しやすい」といった感覚はありますか？

豊崎 それが厳しくても優しくてもあまり変わらないんです。

というのも、私が優しく接してもお客さんからの要求が甘くなるわけではないので、現場では変わらず厳しさが求められるんです。ですから、優しくしすぎるとギャップに耐えられなくて辞めてしまう。結局は指導も厳しくしたほうがいいのかなと思っているところです。まだ答えは見つかりませんね。

吉富　なるほど。本当に難しいですね。

次世代の育成に必要なものとは

野原　建設産業で働く以上、人に関する悩みは皆さん共通してお持ちだと思います。人材を集めにくく、集まっても長続きしないということが分かりました。ただ、先ほどの豊崎社長のお話の通り、大変でも次世代の育成を諦めるわけにはいかないでしょう。若者が集まり働き続ける仕事にするには、何が大切になるとお考えですか？

吉富　建設産業は、今でも頑張れば稼げる業種だと思います。なので、私は自分の会社に来た若い人をどんどん独立できる仕組みにしたいと考えています。

技術系の仕事ですから、腕が上がった分だけお給料も上げてほしくなります。しかし会社の中にいると、頭打ちになりがちです。

独立心が強い人のほうが仕事の覚えも早いように思います。独立して自分のやり方次第で稼げるようになる道をサポートしたいと思います。そうして稼げる職人が増えていくといいですよね。

豊崎　私もどんどん独立させています。そして独立した人は、自分の会社の外注先になってもらっています。

この考え方は、知り合いの家具店オーナーに学んだものです。彼は5年で育てて独立させるサイクルを回しているんです。独立した人たちは外注先となるので、立ち上げ間もない店の売上も安定するし、独立させたオーナーにしてみても仕事を頼みやすい。また「5年で独立できる」と銘打っているため、常に若い人材をたくさん抱えられています。

自ら育てた弟子を独立させて外注先にするというサイクルは、理想的な育成の形のように思えます。

野原　なるほど。今のお話で思い出しましたが、「稼げるようになるために独立する」という考えは、建設産業に昔からありますね。裏を返すと、「独立しなければ稼ぎきれない」構造になっているようにも思えます。こうした職人のピラミッドが独立を前提にした作りになっているとすると、会社に人が集まっても最終的にはバラバラになっていくのではない

かと思います。これは果たして建設産業にとっていいことなんでしょうか？

吉富　若い人と話をしていると、全員が独立志向というわけでもないです。会社側としても自社内で仕事を完結させたい思惑がありますので、独立せずに活躍し続ける社員になってくれるのは歓迎すると思います。

ただ仰るように、建設産業全体が「独立」に抵抗がありません。独立するかは若い人の価値観や目的意識が決め手にもなるのでしょう。

小泉　独立したいと思う人は自分から独立しますから。

そういう人はやっぱり目的意識が違うので、成長の勢いが違うとは思います。では、独立を目指さない人はどうしたらいいのか、彼らをどう導いていくかというのが我々の課題になると思うのです。

独立心を芽生えさせてあげるのか、会社のために頑張ろうという熱量を上げてあげるのか。先ほど給料の頭打ちの話がありましたが、私は自分の取り分を多少減らしてでも、歩合でみんなに配るようにしています。やはり給料が上がらないと、会社のために働こうという気持ちにならないと思います。

若い人が建設産業に入りたいと思うために何ができるか

野原　建設産業では人手不足、中でも若手の入職者の確保は喫緊の課題です。若い人に興味を持ってもらうためにできることとは何でしょうか。お考えをお聞かせいただけますか。

豊崎　当社に出入りする10代の人に話を聞いてみると、職人を選ぶことに躊躇する理由が、「体を壊したらもう働けなくなるから」と言うのです。収入に対してリスクが大きいという印象を強く持っているようです。

吉富　確かにその通りだとは思います。ただ一方で、我々が職人という仕事の夢を見せられていないことを痛感して、くやしさもあるのです。

体を壊したときのリスクは昔も今も変わらないと思います。私は20数年前に勤めた会社の社長をはじめとして、会社の活気のある様子を見て「自分も独立したい」と憧れました。ただ、今は憧れよりも、休日がとれるとか、時間通りに終われるとか、それが職業選びで優先されているように感じます。つまり、若い人がリスクを背負って一旗揚げたくなるような夢を見せられていないのかもしれません。

小泉　私は若い人と建設に接点がないだけかもしれないと思うんです。若い人に将来なりたい職業を聞くと、サッカー選手や野球選手、最近だとユーチューバーなどが出てきます。こうした職業はテレビやインターネットで触れられるものばかりじゃないですか。じゃあなんでそこに職人が候補に入らないのかというと、小さい頃から職人と接する環境がないからだと思うのです。

私は高校を卒業した後に運送会社に就職しましたが、実際に転職するまで電気工事士の仕事のことはほとんど知らなくて、勉強してはじめて電気工事士のすごさを知ったんです。そうした自分の体験を振り返ると、建設業が選択肢に入るタイミングは人それぞれですが、接点を早めに持てるような機会創出が必要でしょう。

野原 なるほど。「夢」や「憧れ」はひとつのキーワードになりそうです。

建設業のどこに夢を見て、職人の何に憧れるか、という話とも関係すると思いますが、年配の職人さんと話をすると「昔の職人はもっと稼いでいた。職人が所長より稼いでいた時代もあった」という話が必ずと言っていいほど出ます。

現代とは、求められる労働環境や条件は違うとは思うのですが、もし現代の職人が同じように稼げるようになったら若い人は集まるでしょうか？

吉富 入職する意向は高まると思います。休日や残業の有無、福利厚生の充実具合は、高い給料を望めないのであれば、せめてそうした待遇はしっかりしてほしい。そういう思いが、必ずあると思います。多少の条件の悪さも気にならないくらい稼げる仕事になるのなら、「一発当てたい」と夢を見られる人もいるんじゃないでしょうか。

小泉 私は電気工事士が稼げると聞いて転職しましたし、実際に前職の時代よりも稼げたのは間違いありません。独立した今は、社員の頑張りに応じて支払う給料を上げることで稼げる仕事であることを暗に伝えているつもりです。昔の職人がどれくらい稼いでいたかはわかりませんし、今も工種によって収入に差があるとは思いますが、頑張っただけ実入りが大きくなる仕事だということは感じてほしいですね。

職人を再び尊敬される仕事にするために

野原　ここまでいろいろお話しいただいてきましたが、多くの話題は会社や個人に関する話だったと思います。改めて建設産業全体を良くするためには何が必要なのか、建設産業はもっとこうあるべきだというお考えがありましたら聞かせていただけますでしょうか。

豊崎　先ほどの収入の話に関連するんですが、海外の職人の収入は日本よりもすごく高いそうですね。私もカナダの工務店に呼ばれたときに聞きましたが、カナダでは見習いでも時給で4000円や5000円の報酬をもらえるそうです。そんなところに自分が一人親方で行ったら今の何倍稼げるんだと本当に驚きました。お金だけが全てではないですが、すごく敬意を払われているという気持ちになりましたね。

野原　私が聞いた話では、アメリカではエントリーレベルの人も年収600～700万円くらいからスタートして、2～3年働いて見習い期間を終えると年収1000万円クラスになるそうです。

それだけもらえる理由に、アメリカの建設産業は労働組合がしっかりとしていて、組合に入っていない職人に仕事を依頼できない現場が多い。そのため入り口の時点から時給が全然違うそうです。そうした話を聞くと、日本は職人を守る制度がまだ弱く、リスクを取って職人として働いている人の単価がまだまだ安いと思います。

豊崎　私が見る限り、実は職人を辞めるタイミングは中堅になった頃が多い。現場を任され始めて負担が一気に増えるのに報酬がついてこないから。「俺はこんなに頑張っているのに」という感覚にな

るようですね。

吉富　職人はすごい働き者だと思うんですよね。朝は5時6時に出て、都心で7時前には駐車場の取り合いをして、7時半には朝礼に出て。朝だけでもこれくらい頑張っているんだから、もっと報われていいと思います。

私の記憶では、昔の職人はもっとリスペクトされていたような気がするんですよね。「大工さんってすごい」と羨望の眼差しで見られていました。なぜ今はそうならないのか不思議です。

野原　報酬の引き上げが大きな課題となる一方で、職人がリスペクトされる存在でなくなっているという話をいただきました。当然、稼いでいるから尊敬されていたという面もあるとは思いますが、現代の職人が再びリスペクトされるようになるために、職人側でできることには何があるのでしょうか。

吉富　外からどう見られているかを意識するのは、とても大事なんじゃないかなと思います。仕事にプライドを持って働いているのだから、ただ働くのではなく、凛とした姿を見せていくようにするべきだと思います。例えばキレイな作業服を着るだけでも、見た目の印象が違うと思います。汚い格好をしていると、３Ｋと言われて誰も寄りつかなくなりますから。

豊崎　そうですね。見せ方を考えないといけないかもしれません。やはり「かっこいい」と思われることはとても大事です。私も先輩のニッカポッカの姿に憧れて職人になったんです。白足袋が本当にかっこよくて、ああなりたいって思ったんです。

小泉　大きな現場に行くと、人も多いからか見た目を気にしない人が増えますね。確かに荒れた格好だとリスペクトされないですから。

吉富　現場であったり、街中の現場だったりで、人の目は気になります。私も住宅に入ることがありますが、「この人、大丈夫かな？」と思われないように気を遣います。

野原　憧れの対象になる、かっこいい存在になるのはとても大切ですね。私も、しっかりと仕事や建設産業に向き合っている人にこそ報われてほしいと思っています。

しかし、職人は日給月給[※5]の賃金体系で、見た目が給与に反映されるわけではない。このあたりの構造も改善できると、見た目や仕事に前向きに取り組む姿勢を意識する職人さんがもっと増えて、かっこいい建設産業になっていくのではないかと思いますが、いかがでしょうか。

吉富　そうです。仕事から立ち居振る舞いまで含めて、またお願いしたい、されたいと思われることは、最高の評価の一つだと思います。

野原　あとは稼ぎやすさというところに戻ると、冒頭に話があったデジタル化、ＤＸとい

※5　日給月給制
建設業でよく見られる給与形態で、給与が日額で決められており、勤務日数に応じて1カ月分の賃金が支払われる。休日や天候によって左右されるため収入が安定しないことがデメリットとして挙げられる

うところは無視できないと考えています。ＤＸで現場を効率化し、短い時間でお金が稼げる仕事になっていくとしたら、若い人にとって魅力的な仕事になるかと思うのですがいかがでしょう。

豊崎　その可能性はあると思います。プレカットが増えてきたために職人の技術力が落ちているという話をしましたが、裏を返せば「入職のハードルが下がった」という言い方ができると思います。参入しやすく効率的に稼げる仕事であるという認知が広がれば、若い人たちにとって魅力的な選択肢になるんじゃないかと期待できます。

小泉　最近、電気工事士は稼げる資格として取り上げられることが増えてきました。資格を取得して建設産業に入ってくる人も以前よりも増えている実感があります。一方で、実際の現場とのギャップを感じて定着が難しい一面もあるようです。ギャップを埋めてくれる役割をＤＸに期待したいですね。他の業界でできていたことは建設産業もできる、となるにつれて、多くの人にとって働きやすい環境へと変わっていくんじゃないでしょうか。

吉富　もしかしたら建設産業は他業種と比べると面倒なことが多いかもしれません。それでもなぜ我々が仕事を続けているかというと、「面白いから」だと思うんですよね。「ものを作る」「建物を建てる」という仕事でないと味わえない、感動や喜びは間違いなくあると思いますので、もっと多くの人に知ってもらいたい。

その感動や喜びまでの道のりにある面倒なことを、ＤＸで省けるようになれば、稼げる部分がクローズアップされて、魅力的な仕事に見えるようになるんじゃないでしょうか。特に今の若い人は小さい頃からデジタルに触れています。デジタル化が進むだけでもガラッと印象が変わる可能性はあると思います。

野原　今日は現場で働く社長の皆様に有意義なお話を聞かせていただきました。お忙しい中、本当にありがとうございました。

第4章

「シン職人」これからを担う若手に聞く！未来の建設現場の有り様とは？

取材協力　株式会社助太刀

道具を手にして施工する楽しさと、面白さにつながる奥深さ
今の時代に合わない非効率な慣習や仕事の進め方は見直しを
経験やスキルの不足をデジタル技術で補完できる時代がすぐそこに

若手の仕事の覚え方。習うのか、盗むのか

野原　この章では、塗装業、土木重機、解体業の現場で活躍する、若く意欲的な職人の3名の方にお話を伺います。

入職以前のキャリアもさまざまかと思いますが、まずは建設産業で働き始めて驚いたことについて教えてください。

徳島　私は高校を中退して17歳から現職である塗装業で働いています。正直に言うと、実際に働いてみるまではもっと簡単な仕事だと思っていましたね。ただ塗料を塗っているだ

一人親方として塗装業に従事する徳島氏

けで力仕事でもない。言葉を選ばずに言えば「楽勝だろう」と思っていたのです。

しかし現場に入ってみると、各所で緻密な技術が求められる仕事であることがわかりました。ただ指定された場所を塗ればいいわけではないのです。塗らない部分をカバーする養生をするにも技術が必要ですし、道具ごとに塗料溜まりを作らない塗り方があります。

外から見ているときは単純作業のような印象を持っていましたが、実際は違いました。職人の技術力やクリエイティブな面に触れるたびに驚かされました。もっとも難

一人親方としてユンボの座席に座る毎日の東氏

しいだけではなく、面白さにつながる奥深さがあることも、日々、実感しています。

東　私は清掃パートとして会社勤めをしていた時、隣の工事現場で見たユンボ[※1]に一目惚れして建設産業に入りました。

それまでは息子のトミカの重機シリーズを見ても、全部同じに見えてしまうくらい興味がなかったのですが、現物を見た途端、すっかり惚れ込んでしまいました。

大型特殊免許を取得した後は重機に乗りたい一心で求人情報を隅から隅まで眺めていました。しか

※1　ユンボ
一般にはバックホウ、油圧ショベル、パワーショベルなどと呼ばれる掘削用建設機械の呼称の一つ

解体業に従事する渡邊社長

し、最初は募集を見ても何の仕事なのか見当もつかず、どこに申し込んだらいいのかもわからず、最終的にはグーグルマップのストリートビューを拡大して、敷地内に重機が置いてある会社を探し応募しました。
入社後はカッコいい重機に乗る仕事に就けたのが本当にうれしかったです。その気持ちは今も変わることなく、毎日やりがいを感じながら働いています。

渡邊　私は建物の解体を生業にしていますが、徳島さんと同じようにやってみて難しさを知りました。

何も考えずに崩してしまうと大事故につながるような建物が多いのです。外から見ていると簡単に崩しているように見えるかもしれませんが、明確に決められた手順通りに解体しなければならないため、精神的にもプレッシャーがかかる仕事だと思います。

また鉄筋が邪魔してユンボのアームに付けた解体用のアタッチメントが建物内に入っていかないことも多く、バーナーで鉄筋を焼き切るような手作業が多いのも意外でした。建物に適したユンボのアタッチメントを選ぶような前準備も多いので、見た目よりも緻密な行動が求められる仕事です。

野原　三者三様の大変さがあると思います。今は皆さん独立して仕事をされていますが、どのように仕事を覚えてきたのでしょうか？

徳島　現場で質問をしまくっていました。少しでも早く仕事を覚えたかったので、いろいろな先輩方に「教えてください！」といつも聞いて回っていました。塗料の反応に対する天気の影響とか、塗料同士の相性とか、昔ながらの塗装技術とか。現場でしか培えない感覚や得られない知識はすごく多いので、人に聞いて学ぶのは大切だと思います。

塗装の仕事を始めたのは17歳からですが、その頃から人に聞く姿勢は変わっていません。

当時は同年代の若手で私ほど質問をする人がいなかったので、先輩方には随分かわいがっていただけたと思います。

野原　先輩方とのコミュニケーションの中で知識を蓄えていったのですね。

徳島　そうですね。先輩に聞いたことを試して、また質問しての繰り返しでした。少なくとも私が見てきた現場では、コミュニケーションを取れない人は「無愛想なヤツ」と認識され、技術も知識も伸びていなかったと思います。

東　重機ならではの特徴かもしれませんが、私の場合は先輩から「見て覚えろ」と言われ続けてきました。口で教えるのではなく、「やって見せるからそれで覚えろ」という指導が当たり前でした。

当時は業界用語さえもわからず、指導についていくのがやっとでした。そんな状態でしたから、いきなり現場に出るのは無理ですよね。前の会社が現場作業ではなく、置き場と呼ばれる、土をストックする会社だったこともあり、そこで機械の基本操作を学びました。

渡邊　私は反対に一切誰にも教わらずにここまで来ました。18歳の頃にアルバイトで解体の現場に入りましたが、特に師匠と呼べるような存在はいなかったので、現場で見て覚えて、失敗して怒られて、を繰り返しながら独学で覚えていきました。休憩時間に勝手にユンボを動かして怒鳴られたこともあります（笑）。

今の時代にはもう「見て覚えろ」は流行らないと思いますよ。もちろん覚えがいい人、悪い人の差はありますけど、今は1から10まで説明してあげるのが大前提になっているのではないでしょうか。

変わらない建設産業の慣習。ＤＸが現場を変える？

野原　皆さんのお話にあるように、おそらくはそれぞれの現場で「こうすればもっと早く覚えられるのに」「こう教えたらわかりやすいのに」というアイディアはありつつも、それを広く実行できていないのが現状と思います。そうした課題は、今後ＤＸを推し進めることで改善ができるのでしょうか。

東　デジタルうんぬんの前に慣習やルールの見直しが先のような気がしますね。今の建設現場は昔ながらの生産性が低いやり方がたくさんあります。しかも元請けも、そのやり方を続けなければいけない理由を説明できないものが多くあります。

徳島　ラジオ体操なんて最たる例だと思います。

仕事を始める前にラジオ体操をやるのはいいことだと思うのですが、とても手を広げられないような狭いところに集められたときでも必ずラジオ体操の時間はあります。慣習としてラジオ体操の時間は設けられるのでしょうが、これでは時間をとる意味がありません。

他にも、たった2段の朝礼台に登る時に、毎回「足元よし！」と言わせるのも無駄だと感じます。環境や状況に関係なく続けているだけの古いしきたりや作法は、見直した方がいいと思います。

東　私が働いている場所で言うと、重機の停車中には後方部に「停車中」というステッカーを貼るのが決まりになっています。先日、ガラ山の上に重機を止めないといけなかったのですが、それでも鉄筋とかがたくさん飛び出しているガラ山を歩いて、後方に回ってステッカーを貼らないといけませんでした。安全確認のためのステッカーのはずなのに、貼

る行為そのものが危ないですよね。しかし、昔からやってきた決まりごとだからやらないといけない。こういった理不尽なルールは、至るところに残っていると思います。

渡邊　考え方が古いというか、止まっている感じですよね。こういう非効率なルールを残すような体質が、若手が増えない理由のひとつにつながっていると思います。

野原　非効率なルールが非常に多いというお話をしていただきました。その一方で、デジタル機器の導入や器具のバージョンアップなどで作業効率が上がっている面もあると思います。身近なところで、新しいツールが効率アップにつながった事例はどんなものがありますか？

徳島　小さいことを含めるとたくさんあります。私の仕事で言うと、塗料の定着を良くするために鉄部分のサビや汚れを削り落とす「ケレン」という作業があるのですが、新しい電動工具の登場により効率化が進んでいます。一方で、他の業界で起きているようなDXによる変化はまだないので、新築の現場にはもっとロボットが入ってきてもいい、とは常々思っています。海外の現場では便利な器具や機械、デジタルツールが増えているみたいなので、もっと日本にも入ってきてほしいですね。

渡邊　確かに道具は良くなりました。昔と比べると、コードレスになってバッテリー式のものがすごく増えたと思います。どこでも使えるようになったのはもちろん、コードに引っかけることがなくなったので安全性も間違いなく上がっていますよね。ただ、その分、値段も高くなったので、道具を揃えるのが大変になったのが少し悩みどころです。

東　私は国土交通省の現場がICT施工[※2]だったことがあるんです。
　ユンボの刃先を地面に合わせると自動で高さや勾配が分かるようになっていて、法面整形がすごく簡単にできました。私一人で5キロメートル以上の法面整形ができたのには正直驚きで、新時代とはこういうことだな、と実感しました。本当にICT施工には感動し

※2　ICT施工
建設現場にICT（情報通信技術）を導入して、生産性と品質の向上を目指す施工現場のこと

ました。

こうした仕組みがもっと一般化されれば女性が重機に乗りやすくなり、建設産業に人を取り込めるようになると思います。

建設は収入が魅力。やりがい搾取で終わらない産業へ

野原　建設産業に課題を感じつつも、デジタル化やロボット化の恩恵も感じられているとお伺いしました。皆さんが働き始めた頃と比べても随分様変わりしているかと思いますが、今後も建設産業で働き続けたいと思われますか？

徳島　私はこれからも働きたいと思っています。

仕事をしていて本当に楽しいので。確かに機械が入って便利になっている面はありますが、道具を手にして施工する楽しさは他には替えられないですね。最近はそういう体験の部分が見直されてきていて、DIYなどの形で一般の人たちにも広まっているのを感じます。やっぱり自分で何かを作るのって面白いですよ。

東　私も続けていきたいですね。

おばあちゃんになってもユンボの座席に座り続けていたいです。重機に一目惚れして入った世界ですけど、未だに現場に入って仕事をするたびに感動します。「仕事をしている」という充実感もありますし、現場が終わればやり遂げた達成感がすごいんです。今でも涙が出るくらい感動する現場があります。

渡邊　私もやりがいは感じますし、楽しいと感じることはもちろんあります。ただ、一方で若い人たちに勧められるかというと、正直手放しではオススメはできません。建設産業の仕事の進め方が今の時代には合っておらず、ＳＮＳや動画サイトでキラキラした世界にすぐ触れられる若い人たちが、わざわざ危なくて汚れる泥臭い仕事を選ぶかというと、やりたがる人なんていないのではと思います。

東　極論かもしれませんが、泥臭さを乗り越えられるのもお金次第っていうところはありませんか？　十分すぎるくらいの収入が約束されるなら、泥臭いことでもやりたがる人は出てくる気がします。

渡邊　それはありますね。やりがい第一で頑張る人がいるのもいいですが、その前提として報酬がしっかりしていないと続けられません。「やりがいがある仕事です」だけを売りにしていくのは、さすがにどうかな、と思います。

野原　給料面のお話が出てきました。かつては職人といえば高給取りの稼げる仕事と言われてきましたが、現代の職人である皆さんはどう感じているのでしょうか。今でも稼げる仕事であると思われていますか？

徳島　確かに昔の職人さんの話を聞くと、職人の稼ぎが監督よりも高い時代があったみたいですね。ただ、稼げた理由には労働時間がグレーという面もあったのではと思います。労働時間が長いというのは、今でも変わっておらず、それもあって今でも一般的な新卒社員よりも稼げる仕事になっていると思います。

東　独立した後の話に限って言えば、全ては自分次第というところはあります。周りを見ていると、人から仕事を振ってもらうだけの人は収入が伸びていかずに頭打ちになるのが早いと感じています。収入を伸ばしていくには、人柄も含めた営業力で仕事をどんどん獲っていけるようにならないといけません。

ただ、今は多重下請けの間で抜かれた残りが末端に落ちるようになっているので、頑張ろうにも限界があります。ここは改善してほしい点です。

渡邊　まさにその通りで、上（元請け）が労務単価を引き上げて、下（下請け）にもしっかり払ってくれないと、職人は報酬が上がらないんです。また、元請け、一次請け、二次請けが上げたとしても、三次請けの会社が上げなければ、それ以下の下請けや職人は当然上がりません。この中抜き構造が続くようでは、建設で働きたいという人は増えないと思います。

現場からの発信が建設産業を変える力になる

野原　建設産業の多重下請け構造は、おっしゃる通り末端の報酬に悪い影響を与えていると思います。ここは時間がかかったとしても、建設産業の未来のために変えていかないといけないというのは私も同意見です。

一方で、建設産業の構造を変えていくには非常に長い時間がかかるため、建設産業を良くしていく別の手立てを並行して講じていく必要があります。今、若い人たちに建設産業の魅力を伝えていくためには、どのようなことができるでしょうか。

徳島　今の若い人はみんなSNSをやっているおかげで、現場から発信する情報に触れる機会が増えていると思います。東さんも現場で重機を操る女性としてテレビに出演されていましたけど、そういった働く姿や仕事内容を広く知ってもらうことで「この仕事は面白そう」と思ってくれる人は増えていくと思っています。

今やSNSは採用にもすごく大きな影響力があります。先ほど現場は古くて理不尽なところがあるという話がありましたが、SNSを活用している多くの若い人は、その会社の社長や職人の発信を見て、働きやすそうかどうかを判断するようになっています。若い人に建設産業のことを知ってもらい、自分が働きやすいと思える会社を選んでもらうためにも、私がやっているようなユーチューブ（YouTube）での発信や東さんのようにインフルエンサーとしての活動に力を入れるのは大切なことなのです。

東　その意見には私も賛成です。私が現場の魅力を発信し続けている影響で、若い女性の中に建設現場で働きたいと言ってくれる人が増えている手応えがあります。一方で、撮影やＳＮＳへの投稿を許してくれない現場が多くて、思うように発信をしきれていないのが現状です。

渡邊　ゼネコン側も若い人を増やしたいという割にはそういうところが課題ですよね。本音と建前というところでしょうか。

野原　民間物件だと発信内容によっては、発注者のビジネスに影響してしまうようなケースもあるので、なかなか発注者が認めたがらないのは理解できます。その点、国や地方自治体が発注した建築なら、もう少し柔軟に対応できそうですね。

東　まさに国交省のＩＣＴ施工の現場がＳＮＳ禁止の現場だったのですが、テレビの取材が入ることになったのをきっかけに、発信できるようになりました。私たちも自己顕示欲のためにやっているのではなくて、建設産業の発展のために立場をわきまえながら発信しています。いろいろな人に夢を与えたくて発信しているので、効果は未知数かもしれませんが、柔軟に対応していただきたいですね。現場で働く職人だからこそ伝えられる魅力があると思います。

野原　現場からの発信は、今の時代ならではのいいアプローチだと思います。そのほかにもできそうな対策はありませんか。

徳島　私たちの仕事は、やってみないと面白さが分からない面があると思うのです。なので、向こうから来てくれるのを待っているだけではなく、実際に体験してもらう場を作るがすごく大切だと思います。

先日、初めて学生の職業体験を受け入れたのですが、とても楽しんでもらえました。やはり直接その仕事に触れる体験はインパクトが違います。口でいろいろ言うよりも、経営者の人となりや現場の雰囲気を知ってもらったほうが、結果的に来てくれる人が増えるの

ではないかと思います。

東　本当に見てもらって体験してもらったら絶対に好きになる人がいると思います。先日見に行った「建設フェスタ」※3では、重機で習字をしたんです。それを見てとても喜んでいた学生もいました。そういう形で高校生や大学生に建設の仕事の楽しさが浸透してくれたらいいですね。

渡邊　話が少し戻ってしまいますが、今の人には働きやすい環境の整備が必要ですので、しっかり休みを取れる環境も整えないといけません。現場によっては必ず土日が休めるわけでもないし、朝も早いですよね。「8時始業」と言われても、現場には7時前には入っていないといけないので、現場が家から遠ければ5時起きが確定です（苦笑）。

※3　建設フェスタ
自治体や関連企業が建設産業の魅力を伝えるために実施するイベント

それでまともに休憩を取れませんから、体力的には厳しいですよね。

東　女性目線だと、トイレがない現場がまだまだ多いので、そこは改善してほしいですね。土木の現場では、自分で簡易トイレと簡易テントを持参していく時も多くて、それでは女性のなり手は増えません。私はその仕事が「好き」という強い気持ちがあるので頑張れていますが、興味本位で入ってくれた人がなかなか続けられません。

野原　労働環境の基本的なところから改善の必要がありますね。誰でも不必要な我慢をすることなく働ける環境を整えてこそ、入職希望者の裾野が広がっていくでしょう。ちなみに、皆さんの立場から見て、このような人に建設産業に入ってきてほしいというイメージはありますか？

渡邊　今まではもうヤンチャ一択というか、自己主張が強くて反抗心がある人が多かったです。もちろん本当に真面目な人もいますが、傾向としては口調が強くてガッツがあるタイプが主流だったと思います。ただ、これは今後の時代の移り変わりと共に変わっていくでしょうね。

東　先日、遠隔操作できる無人重機を見せてもらえたのですが、あれが広がると働く人の選択肢も増えていくだろうと思いました。女性ができるのはもちろん、外で長時間働けない人の受け皿にもなりそうです。今すぐには難しくても、将来、ＤＸによって建設産業がいろいろな背景を持った人の受け皿になっていくのが理想的だと思います。

徳島　これから先、今までホワイトカラーと言われている人たちの仕事がＡＩにどんどん奪われていくので、優秀な人が建設産業に流れてくるのかなと思っています。

今の建設の現場でも昔よりは頭が柔らかい人が増えているので、そういう人がさらに増えてくれると、建設産業全体の印象も変わっていくんじゃないかと思っています。いい風潮だと思います。

野原　おっしゃる通り、これからホワイトカラーからブルーカラーに転職する流れは大いにあり得ると思います。そうなった時に建設産業に人材が定着し、より良い産業へと発展していくためには、多重下請け構造や単価、労働環境などの問題を改めていかないといけないでしょう。

皆さんのような未来の建設現場に向けた変化を牽引する若い人のお手伝いを通じて、業

界の改善に寄与していきたいと考えています。本日は貴重なお話をいただきありがとうございました。

第5章
建設DXはどのように進化していくのか

建設ＲＸコンソーシアム 会長

村上陸太

１９８３年、京都大学大学院工学研究科（建築学）修了。竹中工務店入社。大阪本店設計部構造部長、執行役員技術本部長などを経て２０２４年から専務執行役員技術・デジタル統括兼技術開発・研究開発・構造設計担当。

建設ＲＸコンソーシアム

建設ＲＸコンソーシアムは、作業所におけるさらなる高効率化や省人化を目指し、建設業界全体の生産性および魅力向上を推進するために、施工段階で必要となる、ロボット技術やＩｏＴ関連アプリケーションにおける技術連携を相互に公平な立場で進めることを目的とし、この目的を達成するために、技術の共同開発や既開発技術の相互利用を推進します。<https://rxconso-com.dw365-ssl.jp/index.html>

建設ＤＸは、「建設産業の魅力」を向上する手段
建設ＲＸコンソーシアムは、建設企業間の協働と他産業の巻き込みへ
今は変化の過渡期、将来はロボットとも共生する現場に

ＤＸが進まなかった理由とコンソーシアムの必要性

野原　大手ゼネコンは、早くから自動化やデジタル化などへ取り組み、研究費や開発費を注いできました。本章では、建設ＲＸコンソーシアム会長であり、竹中工務店専務執行役員の村上陸太さんにお話を伺いたいと思います。まず、建設産業ではなぜＤＸが進みにくいのでしょうか。

村上　ざっくばらんに喋っていいですよね（笑）。皆さん、デジタル化を進める気はあるんですよ。私も若い時には技術開発をして、ロボットを作ったり、コンピュータが得意だっ

たりしたので、設計や生産用のシステムを作るなどしていました。

ところが、狙いどおりに普及しませんでした。

その理由はなぜか？　建設現場が「一品生産」で、しかも「現地現物で作る」からです。

つまり、ゼネコンが建設現場のために新しい技術を開発しても、それは、その現場作業所でしか使えない技術の開発になってしまい、なかなか次の現場で使えないのです。

こうした問題は、ロボットやＩＣＴについても同様で、例えば、ある現場作業所を想定した作業に対して新たに「システム」や「ロボット」を作っても、次の現場ではそのままでは使えません。

さらに、多くの新技術には開発費問題が伴います。端的には、社内だけで展開をして採算が取れる規模ではないのです。

ですから、「できた技術をどう展開するのか」ということは大変な困りごとだったのです。

今回、「建設ＲＸコンソーシアム」を作ったのは、このような団体でフォローアップしていく体制を作らないと、いつまでも新しい技術が使えるようにならないと思ったからです。

コンソーシアムという形態にしたのは、熾烈なライバル同士であるゼネコン各社が、自社の利益はさておき、建設産業を盛り立てていくという共通の目的に向かって協力しあうという強い決意があるからです。

野原　どのようなフォローアップ体制を実現されているのでしょう。

村上　各社の有用な技術やナレッジ※1を共有し合えるようにしました。

例えば竹中工務店と鹿島建設が、アクティオ、カナモトと共同で開発したタワークレーンの遠隔操作技術である「TawaRemo（タワリモ）」（次ページ図参照）開発を主導した竹中工務店の機材センターの人間が、清水建設、鹿島建設の現場での使い方を指導しています。そうすると、どこでも誰でも使える技術になります。

それ以上に大切なのは、こうした施策によって、連携する空気が生まれることです。

これまでは、メディアなどで他社の技術が公開されても、ゼネコン各社はライバル社の技術を「使いたい」などとは言えませんでした。

しかし、コンソーシアムができてから、協力し合えることは協力するという雰囲気が出てきました。新しい技術を展開するために、各社の担当者たちは集まって知恵を絞っています。みんな実に楽しそうなんです。

野原　これまでだと、御社の技術者が大林組や大成建設の現場に入ることなど想定できなかったのではないでしょうか？

※1　ナレッジ
企業などの組織で蓄積できる、有益で付加価値を生み出す経験や実例、体系的な知識のこと

建設RXコンソーシアム発の開発技術　例1

タワークレーン
遠隔操作システム
TawaRemo

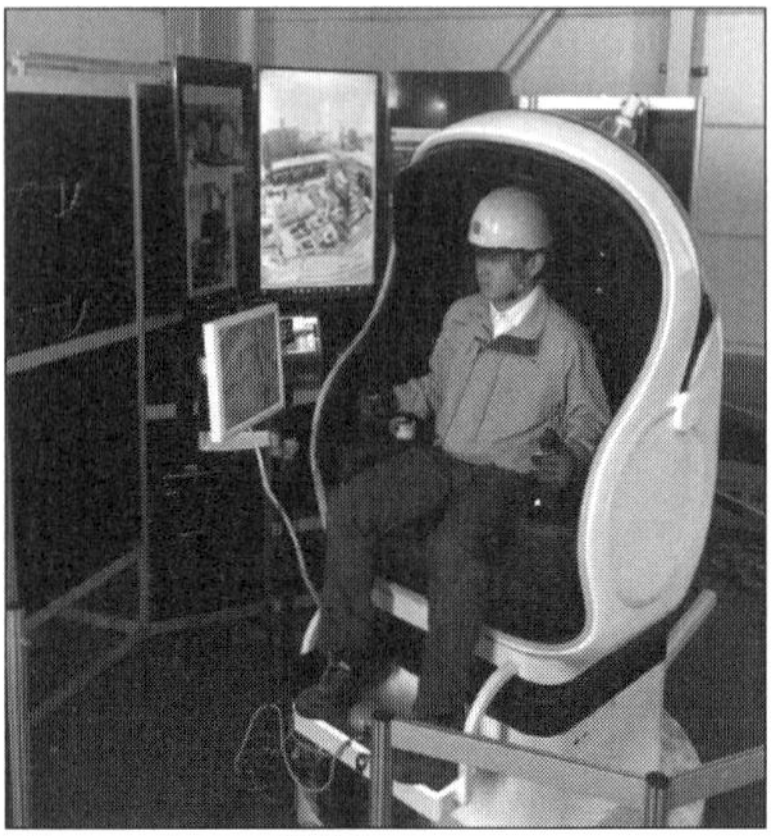
地上コックピットでの操作状況

コックピットのモニタ

竹中工務店、鹿島、アクティオ、カナモトが共同開発した革新的な遠隔操作システム。従来、タワークレーンのオペレーターは高所の運転席まで約30分かけて昇る必要があったが、地上のコックピットから遠隔操作を可能とすることで、昇降時間の短縮や作業環境の大幅改善を実現。「タワークレーン遠隔操作分科会」の活動を通じて、多くの現場への適用が進み、従来と同等の作業が可能であることが確認されている。

村上　ありえませんでしたね（笑）。

野原　建設RXコンソーシアムの取り組みはたいへん面白い取り組みで、意義もありますね。もっとも、ゼネコン、特にスーパーゼネコンは、これまで技術を極めていくことを競われてきました。だからこそ研究所にもお金を使うし、研究員などを競って採用してきたわけですよね。各社がそれぞれ培ってきた技術を共有することが、独自性や競争力を失うことにつながるという危惧はなかったのでしょうか？

村上　私も技術者ですので、かつては技術が会社の独自性を表す要素であり競い合える武器であると考えていました。しかしよく考えてみると、我々は職人の使う技術で競い合っていても仕方ないんですよ。競い合うなら建築物で、作る建物で競い合わないといけない。技術は手段に過ぎず、目的は、いい建物を作ることですから。

技術を道具に喩えるとわかりやすいかもしれません。A社で作業をする時には、A社が開発した非常に便利なのこぎりを使えるのに、B社やC社の現場では、不便な昔ながらののこぎりしか使えないというのではなく、どの会社の現場でも、A社ののこぎりを使えるようになり、出来上がった建築物の出来で競い合おうというのが真っ当な競争であるはずです。

考えてみれば、これまでも技術があるから仕事が来たわけではない。いい建物を建設できるから仕事が来たのですからね。

野原　建設産業にとって建設RXコンソーシアムは、大きな転換を促しそうな団体です。設立から同業の各社に参加をしてもらうまで簡単ではなかったと思いますが、設立に踏み切った契機は何だったのでしょうか？

村上　建設産業に対する危機感に尽きます。

ITの世界ではGAFAM※2のような巨大なグローバル企業が出ているのに、我々の建設産業は昔ながらのやり方から全くと言っていいほど変化してきませんでした。

「現地現物の一品生産だからデジタル技術を入れられない」という言いわけを続けていたら、いつの間にか美味しいところを他業界に全部持っていかれてしまい、ややこしく時間がかかるところしか残らないんじゃないかという危機感から、「まずは集まって話をしよう」と動き始めました。

以前から各社の間では「協力しないといけないね」という話は出ていたのですが、じゃ

※2　GAFAM
Google・Apple・Facebook・Amazon・Microsoftの世界的なIT企業5社の頭文字を取った呼び名

あ具体的にどうしようという話まで踏み込むきっかけがないまま時間が過ぎていきました。しかし他業界からの外圧を意識したことで、今のままではいけないねと一歩踏み出した形になったのです。

それほどの強い危機感を抱かざるを得なかったということですね。

建設産業が抱える課題

野原　建設RXコンソーシアムの設立は、建設産業に山積する課題を解決するための取り組みのひとつであると感じます。数ある課題の中で、村上会長が今一番優先して解決すべきと考える建設産業の課題とは何でしょうか？

村上　日本の人口が減少傾向にある以上、人が減るのは仕方ないことです。しかし、他の産業よりも建設産業の就業者の減少が激しいことは問題だと思います。

建設産業は長く3K（キツイ・キタナイ・キケン）や5K（3K＋臭い・暗い）の職場だと言われてきました。我々もそのイメージを払拭する努力を怠ってきた。建設の楽しみや喜びを社会に訴えることができていなかったのです。
その結果、建設産業を志望する若い方が減り、急激な就労人口の減少が起きていると考えています。

野原　そうした状況に、今は対策を打てているのでしょうか。

村上　最近ようやく、ですね。各社が積極的に楽しさを訴えるようなＣＭを流すようになりました。
以前は「こういう空港を作った」とか、「どこそこの超高層ビルを建てている素晴らしい会社です」といったアピールをしていましたが、若い人から見れば自分たちとは関係がない世界の話だったと思います。建設産業の楽しみや喜びを伝えるＣＭが多くなっているのだと思います。

野原　村上会長がおっしゃる建設産業の楽しみや喜びとは、どの辺りにあるとお考えでしょうか？

村上 先ほど「建築物は一品生産品である」とお話ししましたが、まさにそこに建設の楽しみがあると思っています。

多くの関係者と力を合わせて作り上げた建物は、世の中にひとつしかないんです。

その作り上げた住まいや商業施設などの建物は、利用する方々の生活を支えていきます。そうした誰かの人生の一部になるものを作り上げられる喜びは、なかなか他では味わえないのではないかと思いますね。

一つの建築には本当にいろいろな人たちが関わって作り上げられます。

一人で何かを成し遂げるのではなく、チームで一丸となる。完成したときには自然とみんなからガッツポーズが出ますよ。

ところが、建設産業はこうした楽しさや喜びを自分たちだけで抱え込んでしまい、社会に伝えてこなかったのではないでしょうか。その結果が今の人手不足につながってきたのでしょう。それに気づき、最近は大手ゼネコンが先導して、建設産業で働く楽しみや喜びをアピールするようになりました。

野原 おっしゃる通り、近年の建設産業のＣＭは社会一般に共感を呼びかけるものが増えているように思います。

村上 こうした打ち出し方、伝え方を変えるという行動は、就業者の確保だけでなくいろいろな方面でいい結果を呼び寄せると考えています。

建設RXコンソーシアムの活動を始めてから、いろいろな方面からお声がけいただくようになりました。建設産業からだけでなく、他産業の方からも「話を聞きたい」「相談に乗ってほしい」という引き合いが増えました。

こうして注目していただけるようになることで、我々の建設産業を変えたいという姿勢が若い人にも伝わっていくのではと期待しています。一方で、ステークホルダー（利害関係者）の多さがデジタル化を阻んでいた要因のひとつではありますが、だからこその喜びもあるんですよね。

野原 一品生産だからこその喜びがあるというお話でしたが、一方でDXを阻む要因のひとつでもあるという点は悩ましいところかと思います。もちろん言いわけにするのは違うとは思いますが……。デジタル化を進めるためには標準化、モジュール化※3は避けて通れないと考えられますが、どのように共存すべきだと思われますか？

村上 自動車工場のラインに同じ車がズラッと並ぶような、同じものを同じラインで作る

※3　モジュール化
互換性のある部品・要素（モジュール）によって、異なるシステム間でも問題なく機能を維持すること

標準化の仕組みを建設産業にも当てはめられないかという検討は、長く繰り返されてきました。

今では建築に使う部材を3Dデータ化してPC上で再現するデジタルツイン※4の活用が進んでいます。設計に関する全てのデータを3Dデータ化すれば、一品生産であっても工場で作れます。部材をどこまで標準化するかは検討の余地がありますが、もしどうしても全て標準化するのが難しい建物があるなら、そこの部分は諦めればいいのですよ。おそらくは1割程度の建物では、固有の要求と条件に対応する必要があるため標準化した部材を使うのは難しいでしょう。反対に1割程度は標準化した部材だけで建築できるかもしれません。

そして、残りの8割はその組み合わせで、できるところだけ標準化した部材を活用するように、現地現物の一品生産と上手く組み合わせていければいいと思います。

野原　建設産業は長らく一品生産を前提とした建設が求められ続けてきましたので、発注者側に対する訴求もできていなかったのではないでしょうか。

これからはデジタルツインやBIM／CIMといった形でデータを活用した建設が進むようになり、PC上で建設に関するデータの全てが見えるようになると、発注者に対するアピールもしやすくなるはずです。

※4　デジタルツイン
現実空間をデジタルデータによりサイバー空間に再現する技術。「デジタルの双子」の意味を込めてデジタルツインと呼ばれる

村上 属性を付与されたデータを使った設計は、実はもう20～30年前から始まっていたんですよ。

2DのCADデータに一生懸命データを入れるような取り組みは当時の大手ゼネコンもそれぞれチャレンジしていましたが、当時はうまくいかなかったんです。今はテクノロジーが進化しデータの質も向上しましたので、当時とは状況が異なります。今度は失敗しないと思いますよ。

建設DXを急速に促進するための切り札

野原 多くの方が「2020年代のデジタル化は失敗しない」と口を揃えています。今度こそ成功するという確信につながる自信の理由はどこにあると思われますか？

村上 なんといってもスマートフォンの存在が大きいと思います。今や業務上の連絡や情報共有は、ほとんどスマートフォンでできるようになりました。作業所の中にステーションを設ければ、設計者が遠隔地で手直しした図面を現場の職長がリアルタイムで確認できます。かつては全員が一堂に会して行われていた朝礼も、今やフロア単位でできるようになりました。

そうしたデジタルの活用を広められたのは、今ではスマートフォンを使うことに誰も抵抗がないのが一番大きいですね。かつては協力会社の方に「属性を持たせたいのでCADデータを提供して」といってもなかなか対応してもらえないことがありましたが、今ではすぐにスマートフォンへ送ってくれます。

野原　私も大変便利な世の中になったと痛感しています。一方で、デジタルツインを使うにしても、図面をデータ化することが重要なのではなく、その先の使い方を考えていく必要があるのではないかと感じています。

村上　まさにその通りですね。建設産業の方は皆さん真面目なので、BIMのデータを作れと言われたら実現のために必死になるんですよ。しかしBIMのデータを作れば何かが変わるわけではなく、それをどう使って何を実現するかが大切です。

いま現在、建設RXコンソーシアム内にあるBIMの分科会では、デジタルデータの使い方の検討を進めています。使い方がわからないからデジタルツインやBIMを入れる気にならないという方もまだまだ多いので、まずは我々が使い方を考えようと。

野原 なるほど。ところで、10年、15年ほど前からでしょうか。若い人たちが所長になりたがらないといった話を聞く機会が増えたような気がします。

村上 結局、デジタル化して効率化すれば、今まで通りの仕事をするならば、時間は減ります。ところが、デジタル化でいろんなことができるようになると、逆に仕事が増えるケースもあります。仕事がデスクワークに偏りがちになるのがその典型です。取り扱えるデータ量が増大したことで、作る資料の種類が膨大に増えてしまう。

また、かつては自分の担当する現場は直接見に行くものでしたが、今はデジタルでオフィスの中から全ての現場を見ることができてしまう。テレビ画面から目が離せず、現場へ行くこともできない。

デジタルによって、どんどん便利になり、遠隔でいろんなことができるようになりました。検査とか、品質向上とか、安全性の向上とか素晴らしいことがたくさんあります。デジタル技術がもう一歩進んで、AIが現場の管理までできるようになればいいんでしょうが、今は、人間がやるしかない。一般職の業務がものすごく便利になったのとは逆に、管理職の仕事はどんどんきつくなる。結果、若い人は管理職になりたくないと考えるわけです。

野原　新しい働き方や新しい環境への転換などの過渡期なんでしょうね。

村上　教育についても新しい働き方によって、変わってきています。私が若いころは、いわゆる技師長など偉い人が現場を巡回し、悪いところをどんどん指摘されたものです。その後は大体飲みに行き、若手は偉い人の周りに座り、酒を飲みながら武勇伝を聞かされたものです。そうした中で想いを教えられました。

今は、コロナ禍の影響もあり、巡回もリモートが増えました。そもそも飲み会がありません。想いはどうやって伝えるのでしょうか。建設ＲＸコンソーシアムに「想い検討分科会」を作らねば（笑）。

野原　発注者との関係性についてお伺いしたいと思います。

建設産業側もデジタルの使い方を考える必要があるのは大前提ですが、デジタル化に重要課題として取り組まれるお客様も多くいらっしゃるかと思います。建設産業の立場から見て、発注者側のデジタル化に対する反応をどのように感じていらっしゃいますか？

村上 ご発注いただいた建物を使って実現したい目標がはっきりしているお客様は、総じて現場のデジタル化を受け入れてくださっていますね。

そうしたお客様には、理想に向けた話し合いにも応じていただけています。我々が提案するコスト削減のための標準化も、お客様の側でしっかり検討していただいた上で受け入れていただくケースが多いです。

また、そうしたお客様は自社がＤＸに関する課題を抱えていることも多く、建設中に別途ご相談をいただくケースもあります。最近の建設現場では資材の運搬に配送ロボットを活用していますが、お客様にご希望いただいた際には、ロボット本体と管理用地図のＢＩＭデータを提供しています。ロボットのほかにも、エレベータや人感センサーをそのまま渡したケースもありますよ。

こうした対応ができるのも、お客様との密接な関係があってこそです。一緒にひとつの建物を作り上げようという目標に向かって走れる関係は我々も快適ですし、何らかの形で少しでも貢献したいと思えます。

目指すべき建設産業の魅力とは

野原　ここまでは現状の建設産業が抱える問題と取り組みについてお話しいただきました。そういった話を踏まえ、改めて建設産業が魅力的になるためには何が必要なのかお伺いできますでしょうか。

村上　先ほどの話に関連しますが、建物を作るだけでなく、建物を使うところも楽しめるようになるのが重要かと思います。

完成した建物を見てガッツポーズできるのも喜びのひとつであるのは間違いないのですが、一方で建物を作って終わっている側面もあります。

ここをもう一歩踏み込んでいくと、新しい建設産業の魅力が見えてくるのではないでしょうか。

野原　「作って、引き渡して、終わる」のではなく、使い始めた後の時間が素晴らしいものになるような提案もしていくと、お客様との関係がより密接になりますね。

村上　まさにその通りです。昔の大工の棟梁は自分が立てた家を訪問して住み心地や問題点を聞いて回っていたそうです。そういった対応は今のお客様もうれしいと思いますので、建設産業として仕組みを作っていかないといけないのではないかと思っています。

すでに社会が建築に求めるものは変化を始めており、社会における役割を意識した建築のニーズが高まっています。かつての大学は建築学科を工学部の一部としていましたが、近年は建築学という総合的な学問を学ぶための建築学部が創設され始めたのは、ニーズの変化を受けて発生した顕著な変化だと言えるでしょう。

我々建設産業も、より社会における建築物やインフラの役割を理解した建設を行うように変わっていく必要があり、完成後も役割を果たし続けられるように関わっていくことが、建設産業の新しい魅力のひとつになると考えています。

野原　建設産業のＤＸ推進と技術の共有化のために建設ＲＸコンソーシアムを設立されたとおっしゃっていました。すでにさまざまな取り組みをされているかと思いますが、建設ＲＸコンソーシアムとしての実用化が進んでいる事例はありますでしょうか。

村上　冒頭で紹介しましたTawaRemoがひとつの例です。タワリモは、一言で言えば遠隔操縦が可能なタワークレーンです。

これまでのタワークレーンは高所で作業するため、オペレーターはタラップを上がってクレーンの操縦室に入ったら、仕事が終わるまで降りてこられません。食事やトイレも全てクレーンの中でしなければなりませんでした。しかし、タワリモは地上に設置した操縦席から建物上のクレーンを遠隔操作できるので、用事があればいつでも外に出られます。

導入当初は我々がクレーン会社さんへ操作方法の指導をしていましたが、今ではクレーン会社さん同士で使い方を教え合うような体制ができつつあります。

野原　クレーン操作は高所に上がる必要がありますので、使える方が非常に限られていました。これがリモートでできるようになると、オペレーターのなり手が増加しそうですね。

村上　そうですね。今までは女性がオペレーターになるのは難しいと言わざるを得ませんでしたが、タワリモの登場によって女性のなり手は増えると期待しています。

野原　それ以外の事例はありますか？

村上　もう一つがハンドトロウェル（左ページ図参照）です。コンクリート打設※5という重労働からの解放をテーマに、最初は「コンクリート施工ロボット分科会」という名称の分科会を作りました。

しかしメンバーから「ロボットを作るのが目的ではないから、名前を変更させてほしい」という意見が上がり、最終的には「コンクリート施工効率化分科会」という名称になりました。AI、ICTといったIT用語を一切使わない分科会名になりましたが、建設産業の魅力アップを目指すという建設RXコンソーシアムらしいエピソードだと思っています。

DXから離れた場所から生まれたハンドトロウェルは、おかげさまでレンタルサービスをスタートできたほど好評です。

野原　まさに建設RXコンソーシアムの姿勢が色濃く見えるお話だと思います。あくまでDXは手段であり、建設産業の魅力アップが目的であると。

村上　そうですね。ですので、いろいろな決め事はどこかに片寄ることがないよう、原則としてゼネコン各社の協議で決定するようにしています。

例えば、市販のドローンの採用を検討するとします。メーカー各社さんはどこも素晴ら

※5　コンクリート打設
基礎などコンクリートで作る部分の型枠内に生コンクリートを流し込む作業のこと

建設RXコンソーシアム発の開発技術 例2

防音カバー付き
電動ハンドトロウェル

現場での使用状況
(防音カバー付き)

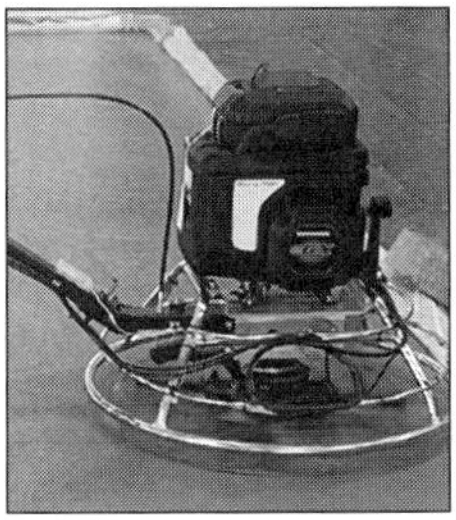

カバーを外した状態

「コンクリート施工効率化分科会」の活動を通じて、竹中工務店と鹿島建設がCO^2削減と生産性向上に寄与するコンクリート仕上げ機械として開発。高出力のモーターとバッテリー交換が容易なパワーユニットを搭載し、防音カバーで騒音を低減することで、市街地での夜間作業や工期短縮に貢献。ガソリンを使用しないため排出ガスがゼロで、1台1日の使用で約23kgのCO^2削減にも寄与する環境配慮型の機械である。

しいプレゼンを見せてくれるのですが、だからこそ検討は慎重にしなければなりません。そこで建設ＲＸコンソーシアムでは比較表に性能や価格などの情報をまとめた上で検討するようにしています。

複数社集まって検討するとさまざまな意見が出ますし、特定環境での使用方法など独特の観点からの意見も出やすくなります。そうして集まった意見は建設ＲＸコンソーシアムからの要望としてメーカー各社さんにお伝えしやすくなりますので、今のところうまく運用できていると思っています。

野原　建設ＲＸコンソーシアムからの要望という形になると、メーカー各社への影響力も強くなりそうです。

村上　そうなんですよ。１社が単独で「こんな風に修正してもらえませんか？」と要望を出しても「そちらで何とかできませんか」と断られてしまいます。しかし多くのゼネコンが共同で要望を出せば、建設産業の要望として受け取られ、対応してもらえる機会が増えますね。最近では墨出しロボットの修正を要望に近い形で対応してもらえるといった成果がありました。

これからの建設産業のあり方

野原　建設産業が就業人口確保のためにさまざまな取り組みをされているお話を伺ってきました。

私が感じたのは、DXにより便利で負担が少ない仕事環境を作ることが進んでいる一方、働く人々が心地よく働ける環境作りが特に重要だということです。実際には、建設産業で働く人たちはどのようなモチベーションを持って仕事をしているのでしょうか。村上会長はどのようにお考えですか？

村上　おっしゃる通り、心地よく働ける環境づくり、ひいてはやりがいや楽しさを感じられることが大切だと思っています。

ある現場で、職人に建物外の一カ所に集まってもらい、全ての柱の鉄筋を組み続けてもらったことがありました。流れ作業で組んだ鉄筋をクレーンで運んでいたのですが、鉄筋職人が口を揃えて「楽しくない」と言い出したんです。現場は、ある県内の大規模なショッピングセンターでした。「こんな広いところで俺は作るんだ」と思ってきたのに、実際の仕事場は駐車場の片隅。

業務効率だけで見れば圧倒的に改善したのですが、職人たちのモチベーションは大きく下がってしまいました。そこの現場では最後までやり方を変えずに作業を続けてもらったのですが、想いを残せるような場所を用意する大切さを感じた出来事でしたね。

野原　なるほど。モチベーションを大切にする職人がいる一方で、十分なお給料をもらえれば文句がないという人もいると思います。これから若い方を建設産業に迎えるにあたり、給料が高くなれば人は集まりやすくなるのでしょうか。

村上　どちらかといえば、今の方は逆にやりがいを求める方が多いのではないでしょうか。弊社の若手社員を見ていても、給料以上に仕事に対する想いを大切にしているメンバーが多いように思えます。ニュースなどでは「若い人は仕事に対するモチベーションがない」という話題を耳にすることもありますが、私はそうは思っていません。自分たちの仕事が社会に与える影響を考えながら働いている若手は多いですし、多くの方が自分がやりたい仕事に対するイメージを持っていると思います。

野原　建設産業にはさまざまな職種がありますので、働いているうちに自分が進みたい道を見つける人も多そうですね。先ほどの鉄筋の話もそうですが、ポイントは組み合わせだと思います。全部が単純作業になったら、それは仕事としてつまらない。できれば単純なものはロボットや機械を使い、付加価値が高い仕事を人間に与えていく。付加価値が高い仕事なので、その分高く給料が取れる、そういうふうにうまく仕事の中身を変えていけると解決するのではないでしょうか。

村上　建設ＲＸコンソーシアムの紹介ビデオの中で、職人さんがロボットを相棒として使っている部分があるのですが、将来は、職人さんが歩くとロボットがついてきて、重たい物を持ち上げてくれたりする。逆に、ロボットが画像を映しながら、現地で若い人の教育をできるようになるとかね。

ロボットが相棒になると、例えば先述した駐車場なら、鉄筋はロボットが組む。ただし、ロボットが組んでいる分の配筋検査は人間がやるとか。今は過渡期で、効率化を追求しなければならないことは間違いないのですが、ただ効率化を目指せば、皆さんのやりがいが犠牲になるかもしれません。そうではなく、やりがいのある、あるいは人にしかできない作業を人間が担当する、それ以外の効率化できる作業はロボットや機械に任すべきだと思います。ロボットなら、やりがいを求めたり不満を言ったりもしないでしょうから。

野原　ロボットを扱うロボットオペレーターという職種にすれば、やりたい人がいるでしょう。

村上　ある鉄骨屋さんに聞いたのですが、工場で鉄骨の溶接をロボットにやらせるため、専門のロボットオペレーターを雇ったそうです。

そこは、ロボット溶接をするというラインと、昔ながらの職人さんが担当する手溶接でしかできない難しい仕事があります。その職人さんの働きぶりを見たロボットオペレーターが、ある日自分も手溶接をやりたいと言い出して、溶接資格の勉強を始めたんですよ。

野原　働き方にもいろいろ選択肢を持てますね。その方は手溶接の職人を目指しましたが、オペレーターに充実感を感じる方も多いと思います。

村上　そうですね。そういう意味では働く選択肢はいろいろある産業ですし、常にそれぞれの働き方にニーズがあります。

例えば、設計施工の建物では、設計の段階で、ロボットで対応する範囲と手作業が必要な範囲を切り分けることも考えられます。先ほど触れたように、8割の施工はロボットと人の手を混在させながら作っていける現場でしょうから、どちらか一方だけがあればよいということにはなりません。オペレーターの道を極めたい人は操作技術を身につけてもらい、職人になりたい人は匠の隣で技を学んでほしいですね。

野原 余談ですが、宮大工のような匠の技が必要な現場であっても、その技術が必要な仕事と、そうでない仕事とが切り分けられていないので、入職2年目の人も、30年目の人も基本的に同じ仕事をやりますよね。そこをちゃんと切り分けできれば、面白くなるんじゃないかなと思うんですよね。

村上 我々は設計施工でやることも結構多いので、おっしゃるように設計段階から切り分けを考えておかないといけない。設計が決まってから、「これは職人ができるね」とか「これはロボットができる」ではなくて、設計段階で、「こういう設計にしておけば、ここはロボットでもできる」「これはどう考えてもロボットには無理だから匠に入ってもらう」と。若い人はその匠の横に立って、匠の技を見とけという。このようにすることで、設計段階からの範囲の切り分けが考えられるようになるかもしれません。

野原　ところで、先ほどお話に出た、「現場がデジタル化していないと、道具だけあっても使えない」という話に個人的には危機感を感じたのですが。上場ゼネコンでそうだとすると、中小の建設会社はどうなるのでしょう。中小がやっている仕事を全部大きな会社で見られるかというと多分そんなことはできない。こうした中小の建設会社をサポートするような取り組みも必要ではないかと思うんですが。

村上　そうですね。必要でしょう。ただ今は、そこまでフォローできていません。

野原　本当は国の協力も必要ではないでしょうか。例えば、BIMでの建築確認※6ができるようになるのも、一番進んでいる国々からは10年、15年ほど遅れてしまっています。

村上　要望もないところから、国が自ら進んでやってくれるということはありません。今回の建設RXコンソーシアムのDXへの取り組みに対しても、国は「必要性を具体的に示してください」というところから始まりました。今は示せているので、国土交通省とか、経済産業省とか、みんな好意的にしていただいています。

いずれにしても、何か動かなければ、何も始まりません。自分たちからこういうことを

※6　建築確認
建築基準法に基づき、建築計画や工事が法令に適合しているかを行政機関や民間の検査機関が工事前に審査する制度、または作業のこと

作ります、こうやりますと言ってはじめて、補助金の話もできるようになるのです。

野原　補助金の話は多いのですが、実際にはお金があっても、ソフトがあっても、それだけでは本格的な変化は起こりにくいですよね。やはり使い方や目的を定めてから動かないと。

そういう意味でも、制度や規制のあり方は重要だと思います。私たちも建設RXコンソーシアムの会員になったので、色々な議論に参加させていただきたいと思います。

村上　分科会のリーダーになってもらうとかね。

野原　ありがとうございます。

最後に、若い人たちが心配せずに参加できる建設産業の用意は着々と進んでいると考えてよいでしょうか。

村上　そう言えるように頑張っていきたいですね。建設産業に入りたい、入ったばかりというような若い人たちが楽しめる環境は、これからも私たちおじさんが作っていきますので、心置きなく挑戦してほしいと思います。

第6章
DXの本質とは何か

株式会社NTT DXパートナー 代表取締役

長谷部豊

1998年、NTT入社後、さまざまな業界における企業の業務システム刷新プロジェクトをコンサルタント兼技術者として推進。その後、ミシガン大学経営大学院へ進学、修了後はコンシューマ向け、ビジネスユーザ向け双方における新規事業開発、プロダクト開発を多数手がける。企業内起業家人材(イントレプレナー)の発掘・育成にも精力的に取り組む。2022年1月より現職で、企業、自治体のDX推進を支援。

株式会社NTT DXパートナー

業務内容：DX人材育成・コンサルティング。DXの実装、推進支援。システム構築・運用、データ分析等の業務受託、伴走支援等

https://www.nttdxpn.co.jp/

「DX」は単なる「デジタル技術の導入」ではない「DX」は経営変革であり、経営層から現場までの全社員がDX最終顧客の視点での価値を言語化して共有するのが「DX実現」の鍵

誤解されやすい「DX」

野原 少し視座を上げて、建設産業にとどまらず、さまざまな企業や組織のDXについて考えてみたいと思います。幅広い業界のDX推進に携わられてきた、NTT DXパートナー、代表取締役の長谷部豊代表に、日本の企業のDXの現状と変革実現のためのポイントなどを伺います。

幅広い産業・企業の業務システム刷新プロジェクトでご活躍されている長谷部代表から見て、日本国内のDXの浸透具合はどのように映っているでしょうか？

長谷部　私の肌感覚になりますが、ここ2~3年でＤＸへの投資や取り組みは着実に増加していると言って間違いありません。着手している企業も一過性のプロジェクトというより、推進・強化を継続し変革を促す営みとして取り組んでいます。今後も確実に増加していくのではないでしょうか。

さらに最近は、大企業だけではなく中小企業でもＤＸの取り組みは拡大しています。それらは二つに大別できます。

一つ目は、経営者がデジタルに明るく、自ら実践し組織を牽引するタイプのＤＸです。特にイノベーティブな経営者がいる中小企業ではこのタイプが多い。

二つ目は、取引先からの要請を受けて進められているＤＸです。

野原　それが、継続的に取り組む企業が増えている背景なのですね。

長谷部　「ＤＸはやって当たり前」という世の中の潮流があり、一過性ではなく中長期計画やロードマップに落とし込んでいる企業が多いのでしょう。ただし、「今までのＩＴ化の延長」や「単なるデジタルツールの導入でしかない」など、本来のＤＸでないような事例が見受けられることも事実です。

野原　会社によってDXの中身には差があるということですね。先ほどの「取引先からの要請」がきっかけでDXを進める企業が多いというのは、今の時代ならではの現象だと思いますが、そうしたケースが増えているのですか？

長谷部　はい。特に製造業の場合、取引先とデジタルでデータが交換できないと、サプライチェーン（次ページ図参照）に入れない危機感があると思います。当社も経営層から相談を受け、ご支援しています。ただし、業界によって温度感は異なりますね。

野原　御社が取り組まれてきた中で、DXの成功事例を教えてください。

長谷部　代表的な成功事例は、工場などで使う自動機や検査装置をオーダーメイドで受注生産している、ある中小製造業です。

オーダーメイドの製品には少なくとも数百点、多ければ1000点以上の部品が必要になります。「どの部品を使って、どのように組み立てるのか」という仕様を決めるのも大変ですが、見積もりも大変です。部品の加工料金なども入っていますからね。

そのため、これまでは見積もりを出すまでに1週間以上かかっていました。また製造か

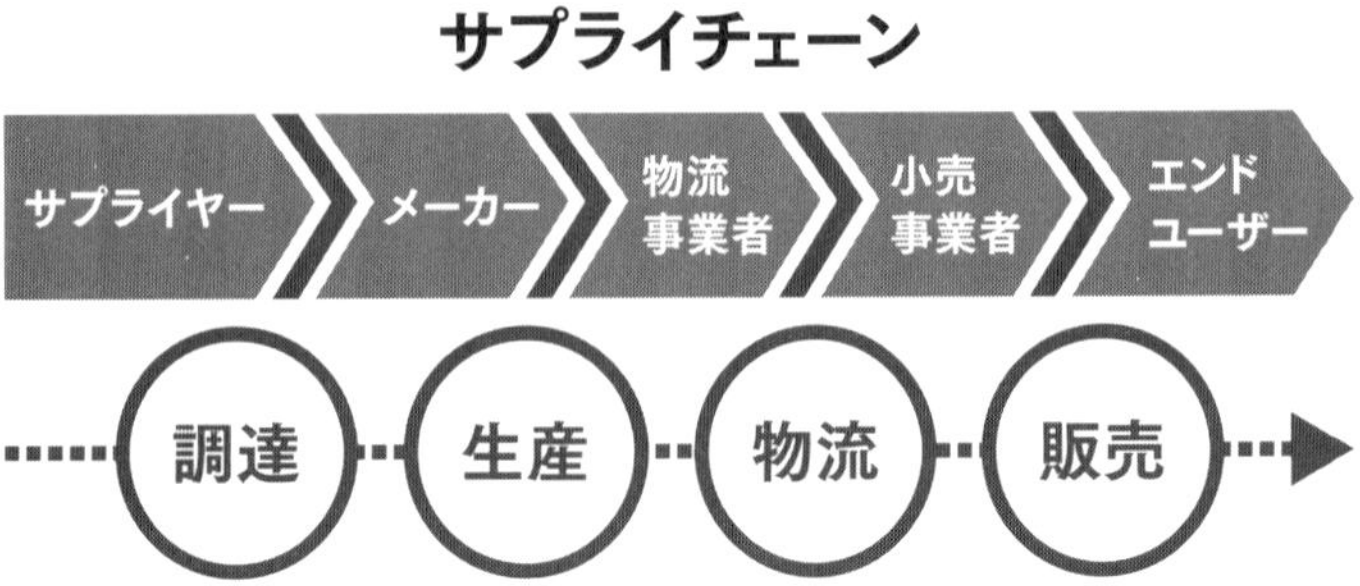

製品の原材料・部品の調達から販売に至るまでの一連の流れを指す。サプライチェーンを管理し、製品開発や製造、販売を最適化する手法をサプライチェーンマネジメント、SCM（Supply Chain Management）と呼ぶ

ら完成までのリードタイム※1も時間を要していました。

ところがＤＸを進めた結果、仕様決定から最短なら即日、遅くても数日で見積もりが出せるようになり、納入までの期間も２〜３割削減できるようになったのです。

野原　それは劇的な改善ですね。どのようなＤＸを進めたのでしょうか？

長谷部　３Ｄデータを使った、自動化です。

設計を３ＤＣＡＤで行い、まずはその３ＤデータをもとにＡＩを使って自動で見積もりを作成するサービスを活用しました。また３Ｄデータをもとに加工部品も自動生産できる仕組みで、部品の短納期化やリードタイムの短縮も実現したのです。

３Ｄデータへの移行、自動見積もりのサービスま

※1　リードタイム
商品の発注から納品までの期間（日数）を指す。納品期間とも呼ばれる

では珍しくありませんが、この会社の場合はデジタルデータ化を出発点とし、生産性を大きく改善することに成功したわけです。当然ながら売り上げも上がっています。
何よりもこの会社を成功例として推したいのは、生産性の向上だけではなく、お客様にとっての時間的な価値が非常に高くなり、それにより信頼を勝ち得たからです。
DXはデジタルの導入によっていかに付加価値をもたらすか、ということ。デジタル技術やデータの活用を社内の効率化・生産性アップだけではなく、顧客価値にどう還元するかという観点で取り組まれたのがポイントだと考えています。

野原　顧客視点でどんな価値が出せるか否かは、DXを進める上で極めて重要な点だと私も感じています。一方、自社のビジネスや業界をとりまく状況など全体像を見渡した上でスタートできるかどうかも成否を分けると思いますが、いかがでしょうか？

長谷部　その通りですね。視座を高めず、解像度も上がらない状態でDXを推進すると「なぜ手間がかかることをしないといけないのか？」「ルールやセキュリティの関係でできない」など、社内の論理で止まってしまいます。
顧客に対してどんなことをすることで、どんな価値が新たに提供できるかを、ミドルマ

ネジメント※2の役割として解像度を上げ、実行に落とし込むことが大事だと思います。

野原　DXに従事する人材が、普段からいかにビジネスの解像度を高く持っているかも影響しますね。

長谷部　よく言われるように、DXのD（デジタル）だけではなく、X（トランスフォーム）することこそが肝要です。経営の中核や顧客をしっかりと捉え直せるか。自社内のみならず外部環境としての顧客や業界の動きを押さえられるか。要するに、こうしたビジネスそのものに対する高い感度とテクノロジーへの理解をセットで持ち得ないと、うまく進みません。だからこそ、多くの企業がDXに悩まれているのではないでしょうか。

野原　実際に、DXがうまく進んでいない事例には、どのようなものがありますか？

長谷部　複数のプロダクトラインを持つ、あるサービス業の例ですが。
　同社は各部署が顧客IDを管理して、事業部ごとでプロモーションを実施したり、プロダクトを提供するなどしていました。それでは非効率かつ顧客から見てもバラバラとコミ

※2　ミドルマネジメント
組織内の階層構造における上級管理職と従業員の間に位置する管理層。中間管理職

ユニケーションを受けることになるので、横串を刺して、全社的にシステムを統合する構想を経営層が打ち出し、経営会議でも承認されました。

ところが、いざプロジェクトが始まると、各事業部から「そのデータは出せない」「なぜ出さないといけないのか？」と衝突が起き、結局は仕切り直すことになったのです。

失敗の要因は、顧客にとってどんな価値が生まれるかを関係者間で具体的なユースケース※3として捉え切れていなかったこと。検討の視点が社内業務にのみ集中し、社内論理から抜け出せず、衝突が回避できなくなりました。

野原　技術的には素晴らしく問題も解決できても、顧客視点が足りず顧客への価値提供につながらない。単なる社内の便利システムとして終わってしまう例は、よくある失敗例だと思います。

長谷部　構想全体の解像度を一気に上げようとすると大変で、正しいことでも遅々として進まないことがあります。ユースケースの一部分を切り取りトライアル的に進め、小さくても早く効果が出る全社横断の取り組みを進めるのが、やり方の一つだと思います。

※3　ユースケース
特定の機能やシステムがどのような状況で、どのように利用されるかを記述する手法の一つ

野原　次にDXを推進するために会社、経営者として大切にすべきポイントと、現場に近いマネージャーが注意すべき点について教えてください。

長谷部　大きく経営層、ミドルマネジメント層、一般社員、現場社員によって変わる面はありますが、いずれにしてもまずは「DXを正しく理解すること」からです。

従来のIT導入を高度化したものだという勘違いが非常に多い。当然、IT化・デジタル化を進めることも大事なのでそのこと自体は間違っていませんが、本質ではないIT化の延長で進めると非IT部門の人は受け身になったり、「自分たちには関係ない」「DXはIT部門がやるものだ」と他人事になりがちです。こうした状況を回避すべく、各層で理解を深める必要があります。

ある会社は理想的で、中期経営計画で大きな構想・方針から部門ごとの施策まで落とし込んであり、全社員が自分ごととして捉えられるようになっています。

大きな方針とはまた違う、特別なプロジェクトとしてDXを進めようとする会社は少なくありません。しかし、それではDXが一部の領域だけにとどまり、全社的な自分ごとにならない。いかに会社全体の中期計画などに染み込ませていくのかがポイントだと思います。

NTT　DXパートナーへの相談事としてよくあるのは、経営層はDXを理解し、やる気はあるものの、社員がついてこないパターン、あるいは、その逆のパターンです。ただ「DXは経営のど真ん中の変革だ」と捉えると、会社の各層の足並みが揃わないことには前進することはできません。社内でDXの旗揚げをしているものの違和感を覚えたら、そのまま放置せず各層の理解を確かめることです。

野原　会社全体での共通理解ですね。私たちも全社戦略としてDXに取り組んでいますが、この辺りは難しく感じるので、実に参考になります。そういう意味ではDXに限らず、通常の戦略や次の手をタイムリーに打てている会社・組織はDXも取り組みやすく、そうでない状態だとDXもなかなか進まないのかもしれません。

建設産業のDXは遅れているのか

野原　教育や農業など、ビジネスモデルの根幹や諸条件が変わりにくい業界や産業があり、建設もその一つです。これらの分野でのDXの事例を教えていただけますか？

Edtech=Education×Technology

EDUCATION（教育）　TECHNOLOGY（IT技術）

長谷部　教育産業は昔から変わらないアナログ的な印象を受けますが、私が最初にDXに携わったのは教育の分野で10年前のことでした。当時はDXではなく、「EdTech（エドテック）」（上図参照）と呼ばれ、塾や予備校など民間教育機関と一緒に、教育分野でデジタルを活用したイノベーションを起こす取り組みを始めていました。

今ほどでなくとも子どもたちはスマートフォンやタブレット、パソコンに慣れ親しむなどデジタルリテラシーが高く、民間の教育事業者の方々の抵抗もそれほどありませんでした。コンテンツの制作から入稿、学習計画の策定、学習者に合わせた最適なコンテンツの提供など、一気通貫で実行できるデジタルプラットフォーム※4と新しいビジネスモデルを作ることができました。

※4　デジタルプラットフォーム
オンライン上でさまざまなサービスやコンテンツを提供する基盤

最近は国も本腰を入れ始め、公的教育機関にもＤＸの波が訪れています。いずれにしても教育の領域でＤＸが比較的スムーズに進んだのは、学習者にデジタルリテラシーがあり、顧客も価値がわかりやすかったからだと思います。サービスを届けるまでのバリューチェーン※5が短かったことも、プラスに影響しました。

野原　EdTechは10年前からすでにあり、先行事例も多いのですね。直近ではどうなのでしょうか？　踊り場を迎えているのか、さらに進化しているのでしょうか。

長谷部　不可逆的だと思います。顧客が利用形態に慣れ、さまざまなデバイスで学習する浸透度合いも深まっています。

野原　もう一つ、日本でＤＸというと、製造業関連の事例が多いように感じています。建設業も製造業と同じくサプライチェーンが長く、かつ多重階層構造である類似点はありますが、建設ＤＸのスピードのほうがやや遅いように感じます。どこに違いがあると思われますか。

※5　バリューチェーン
製品やサービスを生産する過程全体を示す概念のこと。価値連鎖

長谷部　サプライチェーン全体で見ると、製造業のほうがDXは進んでいる気がします。ただし、一概に製造業が進んでいて建設業が遅れていると言えない部分もあります。例えば、建設業はビジネスチャットなどコミュニケーションの部分で積極的に活用する事例は増えています。品質管理のため図面や現場の写真をデジタルプラットフォームで管理・報告する事例も盛んに出てきています。一方で、生産性を業界横断的に高めていくDXは進んでいない印象を受けます。

製造業がなぜそこまで進んでいるかは、グローバルサプライチェーンでつながっており、欧米のクライアントからの要請があるからです。対応しないと取引ネットワークから排除されるかもしれないという懸念は日本の一次下請け以下の企業が抱えており、DXだけではなく、「SX」の要請もあるのでデジタル化は否応なしに対応せざるを得ません。よって、サプライチェーン全体におけるDXの流れは製造業の方が進んでいると感じています。

野原　ちなみに「SX」とは何を指すのですか。

長谷部　SXは「サステナビリティ・トランスフォーメーション」のことで、日本で馴染みがあるのは、脱炭素でしょう。

他にも資源循環や人権への配慮など幅広い領域があります。社会や環境のサステナビリティ[※6]に配慮した取り組みをするためのグローバルスタンダードな行動規範を業界が定めていることもあります。これに沿ったビジネス活動をしていないと、取引から外される恐れがあるのです。建設業ではどうでしょうか？

野原　グローバルな発注者のプロジェクトでは、サステナビリティを高めるために現場での廃材を減らす、グリーン材料[※7]を使うといった要望が入ります。欧州では一般的になっていて、日本でも少しずつ、そういうプロジェクトが増えているようです。

確かに、建設業では情報コミュニケーションはここ数年で大きく進展しました。

長谷部　特に建設業の皆さんは、現場と外部や現場内での情報コミュニケーションですね。

野原　かつては、朝礼のため午後から出社する人が朝から駆り出されるなど、非効率な部分がありましたが、デジタルの掲示板などを活用することで、そうした無駄はかなりなくなりました。

「デジタルの情報を常に見えるところに出しておく」「スマホで見られるようにしておく」

※6　サステナビリティ
Sustainability。環境や経済などに配慮した活動を行うことで、長期的に持続可能な社会に変えていこうという考え方

※7　グリーン材料
環境への負荷を配慮し、最小限に抑えるために設計された材料を指す

「危険な地域などに入るとスマートフォンやタブレットにプッシュで情報が届く」など、多彩なやり方が実現していると感じています。

ところで、先ほどの話を受けてですが、建設産業でのＤＸを推進するドライバーは何だと思われますか？　建設業もサプライチェーンが長く、生産性向上には全体での連携・共創が必要ですが、請負構造のためか、発注者、設計事務所、ゼネコン、サブコン、建材メーカーなど各プレイヤー間での意識に濃淡があるように感じています。各プレイヤーが建設ＤＸを成功させるためのポイントがあれば教えてください。

長谷部　サプライチェーン全体の足並みが揃ってこそ、全体での生産性向上が実現されます。ですので、ＢＩＭをベースとした建設業界のＤＸをひとつイメージするにしても、どこまで先行投資・先行着手するかは企業ごとで温度感は異なります。サプライチェーンの前後が着手してからでもよいと考える企業も多いでしょう。

ただし、私のこれまでの経験からすると、サプライチェーン上の最終顧客、いわゆる「発注者」を味方につけることが重要ではないかと考えています。

本来、サプライチェーンの生産性向上は最終的に発注者にもメリットが還元されるべきですし、ＢＩＭをベースとしたＤＸは単なる生産性向上以上に発注者のメリットがあると思います。最終顧客の価値をしっかり定義し、それを伝えて共有する。そして発注者を味方につけ、それを実現するためのサプライチェーン上のイノベーター、共感してくれる企業と共に実証を進めるのが大事だと思います。

野原　なるほど。最終顧客である発注者に目を向ける。

長谷部　ええ。先ほど教育の事例を挙げましたが、何がDXを進めるモチベーションになっていたかというと、受益者である最終顧客の学習者によって選ばれることでした。そのために新しい価値を提供しようと皆が頑張っていたのです。サプライチェーン上でいくと顧客に選ばれるためには、顧客の顧客に選ばれることが求められる。さらに、その顧客の顧客に選ばれようとする連鎖が続きます。最終顧客を先に味方につけるのは、外せない考え方、進め方だと思います。

もう一つ付け加えるならば、小さくても早い段階で「こうなれば成功だ」という定量的なポイントを参加者間で定義・共有し、成果を確認しながら進めることです。

私たちは「クイックウィン」※8と呼びますが、関係者の間でできるだけ早く成功を経験することは、モチベーションを維持する上で、極めて大切です。BIMベースのDXの成果

※8　クイックウィン
小さな取り組みであっても短期間で成果を得るための考え方や取り組みを指す

に3年かかるのか、5年かかるのか、誰も明確に言えない状況であるなら、社内外で息が続かず時間が尽きる恐れもあります。

野原　顧客あってのDXであり、建設であれば発注者をどのように巻き込むかはポイントでしょうね。

長谷部　私は建設業の専門家ではありませんが、他の数々の産業を見渡すと、最終顧客とのエンゲージメントは外してはいけない要点でしょう。

最終顧客への価値を定義し共有して進めるのと、サプライチェーンの内輪だけでやっているのでは推進力が変わります。

野原　野原グループのBIMツールである「BuildApp（ビルドアップ）」（次ページ参照）は、まだまだ建設産業全体には行き届いておらず、現状は大手ゼネコン中心の取り組みになっています。当然、発注者にどのようにアプローチするか、これから少しずつ進めていかねば、と強く感じました。

BuildAppの概要

― BuildApp ―

設計から施工までの建設サプライチェーンをBIMで変革、統合

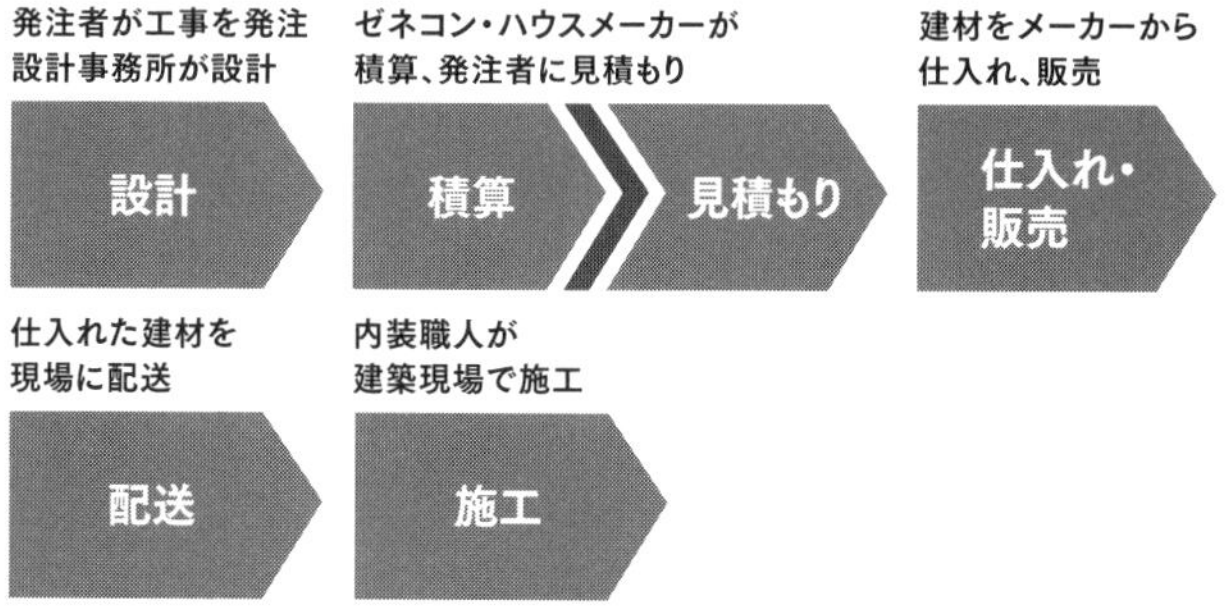

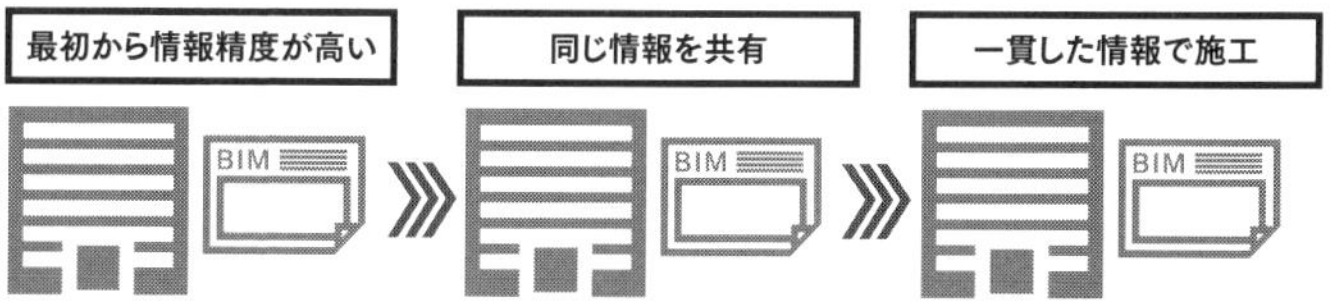

― BuildAppの役割「建設情報のハブ連携」―

◎野原グループが「建設情報のハブ連携」によってデータをつなぎ、
関係者が効率的に業務を進められるシステムと人的サービスを提供
◎下流プレイヤーはBIMソフトウェアを購入することも、操作することも不要

BuildAppと効率化の一例

発注者・設計事務所
・適正見積もり、工期短縮
・施工可視化
・アセット管理

総合建設会社
・見積もり期間短縮
・BIM作成手間削減
・プロセス改善、短工期

専門工事会社
・調書値入自動化
・再積算不要
・発注、精算手間削減

建材メーカー
・BIMオブジェクト連携
・見積もり自動化
・商品レコメンド

建具メーカー
・BIMオブジェクト連携
・見積もり自動化
・商品レコメンド

建具製作工場
・見積もり自動化
・BIM製作連動
・標準建具ライブラリ

DXを推進するための人材育成と組織づくりのコツ

野原　DXを推進しようとするとき、どこから始めるべきかがわからない企業もあると思います。社内での始め方、誰が何を決めるべきかについて教えていただけますか？

長谷部　まずはDXの正しい理解とマインドセットを醸成するための人材育成研修から始めることをお勧めしています。

NTT　DXパートナーでご支援している企業・自治体は直近2年で50件以上ありますが、DX人材育成から始めるケースが約8割にのぼります。先ほど述べたように、経営層と推進リーダー層、現場社員の3階層くらいに分け、役割に合わせた研修プログラムを組み、DXを全社員に自分ごと化してもらいます。これによって、プロジェクトの推進スピードや効果が変わるので、最初に力点を置いていただきたい。

また非IT部門の現場社員の中には「デジタルで自分の仕事が奪われるかもしれない」と抵抗感を覚える方もいます。DXが会社や社員になぜ必要か理解していただき、自分にとって働きやすくなり助けてくれる存在だとわかってもらうことも、大切なファーストステップです。

野原　専任の人材や専門のチームも必要になります。

長谷部　そうですね。教科書的に言われるのは、ＤＸの戦略を策定しロードマップを作ると必要なＤＸ人材が明確になるので、ＤＸ人材育成はその後にするという流れで考えることです。

もっとも、実態として、ＤＸを理解したり、スキルアップする前に戦略やロードマップを描ける人はあまりいません。よって、人材育成である程度の経営層や推進リーダー層が正しくＤＸを理解し、その後に外部の力を借りながら戦略を策定する流れが多いと思います。

野原　なるほど。そうした専任人材は「ＩＴ人材」や「ＤＸ人材」と言われます。彼ら、彼女らに必要なマインドセットやスキルは何でしょうか？

長谷部　経済産業省とＩＰＡ（独立行政法人情報処理推進機構）は、ＤＸを推進する人材を、「ビジネスアーキテクト」「データサイエンティスト」「サイバーセキュリティ」「ソフトウェアエンジニア」「デザイナー」といった5つの人材類型に分けています（次ページ図参照）。そして、彼らに限らず「全社員がＤＸリテラシーを身につけておく必要がある」と述べています。

人材類型の定義

●DXを推進する主な人材として5つの人材類型を定義した。
●DXを推進する人材は、他の類型とのつながりを積極的に構築した上で、他類型の巻き込みや他類型への手助けを行うことが重要である。
また、社内外を問わず、適切な人材を積極的に探索することも重要である。

データやデジタル技術を活用した製品・サービスや業務などの変革

ビジネスアーキテクト

DXの取り組みにおいて、ビジネスや業務の変革を通じて実現したいこと(＝目的)を設定したうえで、関係者をコーディネートし関係者間の協働関係の構築をリードしながら、目的実現に向けたプロセスの一貫した推進を通じて、目的を実現する人材

データサイエンティスト

DXの推進において、データを活用した業務変革や新規ビジネスの実現に向けて、データを収集・解析する仕組みの設計・実装・運用を担う人材

サイバーセキュリティ

業務プロセスを支えるデジタル環境におけるサイバーセキュリティリスクの影響を抑制する対策を担う人材

ソフトウェアエンジニア

DXの推進において、デジタル技術を活用した製品・サービスを提供するためのシステムやソフトウェアの設計・実装・運用を担う人材

デザイナー

ビジネスの視点、顧客・ユーザーの視点等を総合的に捉え、製品・サービスの方針や開発のプロセスを策定し、それらに沿った製品・サービスのありかたのデザインを担う人材

「DX推進スキル標準」人材類型の定義
出典：独立行政法人情報処理推進機構
https://www.ipa.go.jp/jinzai/skill-standard/dss/about_dss-p.html

長谷部　「ビジネスアーキテクト」はDXの戦略立案や全体設計を行う人材のことです。デジタルが浸透する前においても、新しいビジネスモデルを作れる人材はそう多くなく、さらにそこからハードルが上がった感はあるでしょう。

あるいは専門的なスキルである「デザイナー」も単にビジュアルをデザインするのではなく、UI（ユーザーインターフェース）・UX（ユーザーエクスペリエンス）※9のデザインもそうですし、課題解決や価値創造の仕組みをデザインすることも含んでいます。

こういった点を理解する必要もあるでしょう。

いずれにしても、私なりにかみ砕いたDX人材の狭義の意味は、先に挙げた5つの人材タイプで、DXを推進するコアな人たちです。ただし、広義の意味でのDX人材は経営層から現場に至るまでの全社員です。

野原　専任人材を特別視してしまうと、やはり他人事になってしまうのかもしれませんね。また5つの人材類型のうち「サイバーセキュリティ」「ソフトウェアエンジニア」「デザイナー」は専門的なITスキルを指しますが、それ以外の二つ、「ビジネスアーキテクト」と「データサイエンティスト」はまた違うビジネスの視座や感覚が必要に思えます。そうした全社員的なDX人材の中から生み出すのが良さそうに思えます。

※9　UI/UX
UIはユーザーがデバイスやソフトウェアとやりとりするインターフェースを指し、UXはそのインターフェースを使用する際に得るユーザーの全体的な体験を指す

こうした人材の採用・育成方法、役割、構成比率などについてお聞かせください。

長谷部　採用面や構成比の観点でいくと、業界をリードする大企業ではIT部門で抱えている人員も含めて、これまでの2倍以上の人員数でDX推進部門を拡充しないと、会社全体を牽引できない印象を抱いています。

非IT業界の中でDX人材を……これは狭義の意味でのDX人材ですが、そうした人材を採用・育成するのはハードルが高く、苦戦している企業も多い印象です。採用をかけても良い人材は少しずつしか入らず、カルチャーのミスマッチで辞めてしまうケースも見られます。そのため、非IT業界の企業は、IT企業と戦略的に提携を結んだり、合弁会社を作るケースが増えている印象を受けています。

野原　中小企業の場合は、いかがでしょうか？

長谷部　中小企業については、広義の意味でのDX人材を育てるべく研修をしておくことです。自らデジタルサービスを展開するよりも、積極的に活用するスタンスの方が合っている場合が多く、経済産業省とIPAが定義している「DXリテラシー標準」に基づく研修を外部機関から受けるのがお勧めです。

野原 なるほど。そうなると中小企業にとっては、外部サービスなどを使うハードルは下がっていると言えますが、本当の意味での（自社の自発的な、または自走できるような）DXはハードルが高いと言わざるを得ません。

長谷部 時間はかかるかもしれませんが、全社でしっかり取り組んでいただきたいところです。

野原 チーム作りのお話に続き、DXに直接関わらない他の従業員の巻き込み方についてお教えください。社歴の長い会社では一部の人がDXを推進する一方、「自分たちには関係ない」と考えてしまう従業員も多いのではと思います。裾野を社内で広げるために、どのように進めるのがよろしいでしょうか？

長谷部 「自分達には関係ない」という言葉は、「自身の役割が理解できていない」の裏返しなのかもしれません。ならば、それを認識してもらうことが肝心です。ただし、これはこれで難しく、現状の仕事を狭く捉えてしまうと具体的な役割が見えてきません。

例え話になりますが、ある生花店に「友人の誕生日が過ぎていて、急いで花を送ってほしい」と電話があったそうです。すると店員は「店舗側の配送が遅れたと伝えておきます」と答えました。要するに、この店員は花を売ること以上に、お客様と大切な人の信頼関係や愛情を育む手伝いをしたいと考え働いているわけです。

このように仕事を広く捉えると、登録した記念日にリマインダーを送る、前回送った花をお客様に伝えるなど、生花店においてDXでできることはたくさんあります。目の前の仕事だけを見るとDXと無関係に思えるでしょうが、会社のビジョンやミッションから考えると、デジタル技術やデータを使ってできることはあるのです。社員自ら考えるワークショップを当社の研修では行いますが、そうすると、皆さん、すごく「自分の思い」を出してきます。

野原　会社の在り方や社員との関係性が、デジタルを使って何かをしようという時の第一歩になるのかもしれません。

建設産業に関わる全ての人がより良く働くために

野原　野原グループの「BuildApp」は、BIMをベースにした設計・製造・施工支援プラットフォームを作り、サプライチェーンのプレイヤー間の情報連携を図り、業界全体の生産性向上を目指す取り組みです。長谷部代表もいらっしゃるNTT東日本グループには、「BuildApp」の準備を始める初期段階からご協力いただきました。

ご相談させていただいた当時を振り返って、長谷部代表は率直にどのようなご感想を持たれたのでしょうか？

長谷部　2020年に参加させていただいた際は、まだ「BuildApp」の名称はなく、トレーディングプラットフォームと呼ばれていたと記憶しています。

本当に壮大なビジョンで、建設業が変わっていく未来を見せていただいたようで、ワクワクしたことを覚えています。心躍るプロジェクトは好きなので、何とか当社をパートナーにお選びいただきたく頑張ったことを、懐かしく思い出しました。

私自身はさまざまな業界で、不確実性が高い中でも未来の構想を描いてそこに進み、新規事業の創出をいくつか経験していたので不安はないものの、一方で、これからプロジェクトに関わるメンバーの方たちが最後までついてこれるかは、少し不安でした。

野原　まだすべきことはありますが、解像度が上がると社内外の人がついてくるのは間違いありません。我々もゼネコンなど実際の現場でＰｏＣ（概念実証）を2年ほどしていますが、始める前は頭でわかっていても実際に目にするまでは信じられませんでした。しかし、事例が積み上がるにつれメリットを疑う者はいなくなりました。もっと早く進める方法はあるかもしれませんが、我々の中ではやりながら課題を解消しているのが現状です。

長谷部　少し形にしてみるとか、できるところから仲間を巻き込んで進めるということを、私どもが参画する前から野原社長がリーダーシップを発揮され、取り組まれていたので、周りが自然とついていきたいと思え、巻き込まれていく感覚はありました。

野原　「BuildApp」はＢＩＭをベースとしたソフトウェアです。ゼネコンの中で関心度は高まっていますが、ＢＩＭが本来持つ「フロントローディング」※10の実現までは時間がかかることも想定されます。いろいろな要因はありますが、既存の建設プロセスにＢＩＭを当てはめようとするからうまくいかない面もあり、このことはさまざまなＤＸ推進にも通

※10　フロントローディング
初期工程（フロント）に力を入れて後で問題が起こりそうな負荷を前もって処理することで品質を向上、納期短縮を実現する取り組み

底するかもしれません。建設産業の未来、日本の未来を心から願い、取り組む仲間を集め、タッグを組み、共創していきたいと考えています。

野原グループはその旗振り役を務めたいと考えていますが、どのように社外の関係者に伝え仲間に加わってもらうか。長谷部代表のご経験からアドバイスをお願いします。

長谷部 前段の中でも出てきましたが、サプライチェーンでいろいろな方々がついてくるような状況を作るのに、一つは最終顧客である発注者視点でどんな価値が生まれるのかを言語化して共有しながら、サプライチェーン全体で実現に向かうことです。そこでは、共感してくれるイノベーター企業を募り、共創していくことがポイントです。

ただし、このタイプのデジタルプラットフォームには、参加者が多ければ多いほど効用が高まるネットワーク効果というメカニズムが働くので、早期にクリティカルマス※11に到達することが重要です。

ところが、自由な取引市場で新サービスを提供しても参加者が増えず低空飛行になる恐れがあるので、発注者を起点とし、このプラットフォームを活用するサプライチェーン上のトライアルユーザー（参加者）をプロジェクトベースで募り、参加者が短期的に成果を得られるような状態を作って進めることが、成功のポイントになると思います。また参加者を早期に増やすためにはプラットフォームがオープンかつ中立で、参加の障壁を下げる工夫も求められます。

野原　「BuildApp」の開発コンセプトは、裾野が広く縦に重層的な建設業界の中で、現場で働く方やそこに物を届ける人にＢＩＭのメリットを共有してもらうこと。そのため、使いやすく単純なインターフェースには当初からこだわっています。また、クリティカルマスに速く到達する仕組みを作ることは非常に重要で、今はそれに向けて特定層のユーザーを対象だと考え事業を進めています。

それでは最後に、これからＤＸを推進する人、特に建設ＤＸに携わる人に向けメッセージをいただけますか？

※11　クリティカルマス
商品やサービスなどの普及率が急速に上昇する分岐点のこと

長谷部　私はIT業界で大規模システム開発のマネジメントを数々経験してきましたが、建設業のプロジェクトはIT以上に複雑性や不確実性があるように感じています。そうした中、日々たゆまぬ努力をされて、安心安全な社会インフラを支えていただいている建設業の皆さんには、尊敬と感謝の念に堪えません。

　また、ITプロジェクトの世界において、フロントローディングの考え方は重要な役割を果たしてきたと思います。後工程で品質の問題などをカバーするのは非常に苦しく、上流でいかに品質を作り込むか、フロントローディングで対応することにより救われてきました。建設DXに関わる皆さんにもBIMベースのフロントローディングにチャレンジし、業界全体の生産性・品質を向上させていただきたいと思います。

野原　本日のお話で何度も出てきましたが、最終顧客をどのように巻き込んでいくかは大切なポイントだと感じました。建築であれば発注者であり、フロントローディングの果実を一番取りやすいポジションにいます。BuildAppとしても、きちんと価値を提供したいと思います。いただいたアドバイスを参考に、今後も建設業界のDXを進めていきます。

　本日はありがとうございました。

第7章
建設DXで未来を変えていく

この章で対談いただくゲスト

慶應義塾大学大学院
メディアデザイン研究科 教授

岸博幸

1986年、一橋大学経済学部卒業。慶應義塾大学大学院メディアデザイン研究科教授。経済財政政策担当大臣、総務大臣などの政務秘書官を務めた。現在、エイベックス顧問のほか、総合格闘技団体RIZINの運営などにも携わる。

建設産業に期待される、人口減少に対応した街づくりという大役
未来を担う若者たちが希望を見い出せる新たな時代へ
今こそDXで、産官学が手を取り合い、ゲームチェンジを起こすとき

沈みゆく建設産業に歯止めをかけるには

野原　就労人口の減少や高齢化に悩む産業は少なくありません。第1章でも触れましたが建設産業は特に働き手の減少が深刻で、ピーク時には685万人もいた建設産業従事者が、485万人ほどにまで減っています。高齢化の面でも、2022年には55歳以上が約36％で、29歳以下が約12％。全産業と比較すると著しく高齢化が進んでいるのです。

最後の章では、通商産業省（現・経済産業省）、内閣参謀参与を経て現在は慶應義塾大学大学院教授で、また実業家としても活躍される岸博幸先生に、建設産業の未来予測と復興の鍵についてお話を伺います。

岸　建設産業従事者が3割近くも減っているのですね。

野原　はい。一方で、建設産業従事者数は、全産業の7％を占めるほどに大きく、重要な役割を担う産業とも言えます。岸先生は、こうした建設産業の衰退をどのように感じられていますか？

岸　まずは建設産業に限らず、日本のあらゆる産業が同じ課題に直面しているのは間違いありません。

ご存知のように、この30年の間、日本経済は低迷し続けていました。「デフレが続いたことが低迷の原因」と言われることもありますが、違います。デフレは原因ではなく、景気が悪い結果として起きるものですからね。

ではなぜずっと景気が悪かったのかというと、基本的には日本経済全体の生産性の低さが原因です。失われた30年の間、日本経済の生産性は低下・低迷を続けました。その結果、OECD[※1]のデータによれば、2022年の日本の労働生産性（就業時間1時間あたりの付加価値）は、加盟38カ国中30位にまで落ちています。

これはG7中最下位であるだけでなく、トルコやポーランド、ポルトガルといった国々

※1　OECD
経済協力開発機構。ヨーロッパを中心に日本やアメリカも含めた38ヵ国が加盟する国際機関

よりも低い順位です。これだけ生産性が低い状態では、経済全体でも、産業全体でも、成長が見込めないのは当然です。

最近では長く続いたデフレからインフレに転化し始め、経済が明るい方向に向かっているように見えますが、本質的には生産性を向上させ、賃金を上昇に転じさせなければ問題の解決にはならないでしょうね。特に建設産業は多重下請け構造※2によって生産性が低いと言われる上、「3K（キツイ・キタナイ・キケン）」といったネガティブなイメージもあります。賃金を上げて優秀な人材が集まる産業にするのは非常に大変だと思いますが、かなり尽力する必要があるのは間違いないでしょう。

ただ、個人的には建設産業は特に応援したいと思っているんですよ。

野原　建設産業を応援して下さるのは心強い限りです。しかし、なぜ建設産業を特に応援したいと？

岸　私の研究領域のひとつが地方経済だからです。日本の地方経済の現実を見ますと、今でも建設産業と農業が地方の基幹産業です。一端を担う建設産業が成長してくれないと地方経済が大きなダメージを受けてしまいます。日本を支えるためにも建設産業には頑張っ

※2　多重下請け構造
元受け会社が業務の一部を複数の下請け会社へ委託する、下請け会社からさらに下請け会社に委託する、など複数の下請け会社が関わる仕事の構造

ていただき、やはり地域の雇用吸収源として成長を続けてもらいたい。

野原　なるほど。そんな地域経済と、ひいては日本経済の要とも言える建設産業が息を吹き返すためには、まず「生産性を上げる」ことに尽きるということでしょうか？

岸　その通りです。生産性を向上させて賃金を上げ、人が集まる産業にしなければならないと思います。本当に産業の構造が生産性向上の障害となっているなら、産業を挙げた是正に向けて動き出さなければならないでしょう。結果として生産性を上げられない企業が淘汰される可能性はありますが、人を集めるためには生産性の高い企業、そして高い賃金を払える企業を増やしていかなければなりません。

野原　建設と同じように人手不足が叫ばれる産業のひとつに運送業があります。近年は爆発的にニーズが増えているにもかかわらず、運び手を確保できずに倒産する会社が増えている話を耳にします。建設産業も同じようなことが起きかねないということでしょうか。

岸　人が集まりにくい体質のままでいるなら、同じ道を歩むでしょう。建設産業も運送業と同じく、２０２４年４月以降は労働時間の上限規制が適用されました。人が少ない上に長時間労働ができなくなれば、人手不足にさらに拍車がかかるでしょうからね。

ＤＸは産業復興のためのイロハの「イ」

野原　生産性を向上させて賃金を上昇させるにはいくつかの方法があると思います。ＤＸは主軸になる手段であると考えていますが、岸先生はどのようにお考えでしょうか？

岸　ＤＸはもうイロハの「イ」ですよね。本来はとっくの昔に進めておかなければいけなかったと思います。

世界的なこれまでの流れをおさらいすると、１９８０年代からパソコンの普及が始まり、１９９０年代半ばからインターネットが個人や社会レベルで普及し出して、デジタル化が急速に進み始めました。この波に乗った国や産業・企業は生産性を上げて、イノベーティブな製品やサービスをたくさん生み出していきました。典型がアメリカですね。アップルやグーグルといった企業を数多く輩出し、国の経済も大きく成長しています。

ではは日本はどうだったのか。残念ながら、日本は90年代以降の30年間、世界的なデジタル化の潮流にことごとく乗り遅れ続けてきました。

野原　かつての日本は高度経済成長を経て、世界第2位の経済大国と言われていました。80年代などテクノロジーにおいても世界の先端を走っている時期がありましたよね。それがなぜデジタル化やＤＸの波に乗り損ね、現在のような状況になってしまったのでしょう？

岸　アナログの力が強すぎたからです。

野原　デジタルではなく、人や組織のアナログ的な力ということですね。

岸　そうです。日本が好調だった時期、特に製造業などの「現場の人たち」はとても勤勉で仕事の質も高かった。仮にずさんな経営判断があっても、こうした優れた現場の一人ひとりの力によって、危機を乗り切って成果を手繰り寄せてきました。こうしたアナログ的な現場力が、間違いなく日本の高度経済成長を牽引してきたのです。加えて言えば、高度経済成長の過程で大企業ほど組織をしっかりと作りすぎてしまったこともあります。

結果としてデジタルが企業に入り込む余地がなかなか出現してこなかった。「現場の頑張りで何とかなる」という成功体験を積み上げた結果、組織も商慣行もマインドセットも全てアナログが前提で確立されすぎてしまったのです。

野原　日本の現場の方々が優秀なのは今も変わりませんよね。しかし、そうして日本がアナログの力に頼っている間に、他国はデジタル化、ＤＸを一気に進めてきました。

岸　それが今の差につながりました。日本以外の多くの国が、複数の仕事の領域を効率化させた結果、アナログなスタイルを続ける日本の生産性を追い越し、差を広げることに

なったわけです。

野原 一方で、日本でもデジタル化の波に順応している産業もあるように思います。例えば自動車産業は「デジタル化が遅れている」という話はあまり聞きません。また日本のコンビニエンスストアのシステムは、もう20年、30年ほど世界の先頭を走り続けている印象があります。このように上手にＤＸを進めている産業は、他の産業と何が違うのでしょうか。

岸 産業の立ち位置が違うことでしょうね。

自動車産業は、長らくグローバルな競争に晒されてきたことが大きい。市場も材料の調達なども厳しい国際的な競争の中で、常に生産性を磨き続けなければとうてい生き残れません。アナログ的な磨き上げも残しつつ、ＤＸも当然のように進めざるを得なかった面はあるでしょう。

コンビニ業界に関しては、産業のライフサイクルでみると、まだ若いことが理由でしょうね。前述のようなアナログで組み上げられた仕組みや商習慣が確立されていなかったため、デジタルを当たり前のものとして取り入れやすかったのではないでしょうか。

いずれにしても、伝統的な産業ほどＤＸの遅れが見られますね。

野原　建設産業もなかなか大規模なＤＸが進まない伝統的な産業のひとつであると言えます。

私は欧米、アジアの建設産業を視察する機会が多いのですが、他国でも建設産業のＤＸが、製造業やサービス業といった他の産業と相対的に見ると遅れがちなのも合点がいきます。それでも日本よりは進んでいますが。

岸　日本の建設産業の現場の方々こそ、優秀でアナログ力が高い面もあるでしょうしね。

野原　おっしゃる通りですね。

海外の建設産業を視察する際、できるだけ建設現場も見に行くのですが、他国に比べて日本の建設現場が圧倒的にきれいなことに気付かされます。

「３Ｋ」などと言われていましたが、実のところ日本の建設現場は、ゴミが放置されることもなく、道具もきれいにメンテナンスされ、一番整然としていて、現場がスムーズに回っているのが一目でわかります。その背景には、働く人の多くが日本で生まれ育って、同じ教育を受けているので、意思疎通がしやすく、コミュニケーションコストがかからなかったこともあると思うんです。

アメリカやヨーロッパ、アジアの国では、危険と隣り合わせの建設現場に、移民の人たちの姿がもっと多く見られます。移民の方々が建設産業の屋台骨を支えているといっても過言ではありません。

岸　場合によっては、その国の母国語では簡単にコミュニケーションができない。

野原　そうなんです。だからこそ、欧米は3Dでビジュアライズしたデータで設計や仕様のやりとりができるBIMというシステムが普及しやすかった面があると思います。

日本も今後は、外国人の労働者の方が増えていくでしょうから、急激にDXの機運が高まっていくかもしれません。

岸　いずれにしてもどんな産業でもDXのやりようはある。トップの覚悟次第とも言えるでしょうね。

国や官公庁を味方にするには

野原　これまでのお話の通り、日本の建設産業のＤＸ化は他産業や他国と比べて遅れが目立ちます。この状況から巻き返すには、産業側の努力だけではなく国や官公庁と連携し、後押ししてもらわなければならないと考えています。

岸　海外の建設産業は、どのような形でＤＸを進めているのでしょうか。先ほどおっしゃっていたＢＩＭがすでに普及している？

野原　はい。ＢＩＭは建設産業において世界標準になりつつある技術で仕組みです。先に述べたとおり、ＢＩＭは３ＤＣＡＤのような図形データにさまざまな情報を載せられるのですが、イギリスやシンガポールなど多くの国で義務化されています。

ＢＩＭを使うことで、設計から施工の各フェーズで効率的なプロジェクト管理や品質の高い建築物の設計と建設が可能になります。労働生産性が低いと言われる建設プロセスの圧倒的な効率化を促すことができることが大きなメリットなんです。

また、どこの国でも建築物を建てるには行政の審査が必要になりますが、このとき設計図面などを役所に提出して、規定に沿っているか、間違いがないかなど手間のかかる審査工程が生じます。しかし、これをＢＩＭデータのやりとりに変えれば、各工程の精緻なデータのやりとりができますから、建築確認の時間と手間を大幅に省略できます。つまり、建築確認コストの削減という点でメリットがあり多くの国が積極的にこれを採用、あるいは義務化している側面もあるのです。

岸　日本ではＢＩＭに対してどのような対応をしているのでしょう。

野原　残念ながら、現時点では公共物件であってもＢＩＭによる建築確認に対応できていません。建築確認を行う指定機関の仕組みを変えるのに時間がかかっているのだと思います。

その結果、今は設計者がＢＩＭでモデルを書くと、かえって建築確認のコストが上がってしまうような状況になっています。

ようやく２０２５年からＢＩＭによる建築確認の申請が順次できるようになるというアナウンスがありましたが、他国では10年以上前にスタートしている仕組みです。

本来、ＢＩＭ活用によって建築材料の使用量を計算し、無駄な材料の使用を避けることにより、資源の効率的な使用と廃棄物やCO_2排出量の削減ができるといった大きなメリットがあります。社会的にニーズが高まっている環境配慮、サステナビリティを考慮した建築設計ができるゴールが待ち受けているはずですが、その入り口で手間取ってしまっている印象です。

現況を打破するためには、産業の内側にいる我々だけではなく、国や官公庁の協力も不可欠だと感じています。そこで元官僚でもある岸先生に、ぜひ伺いたいのが「官公庁の協力を得るには、どのようなアプローチが有効か？」です。

岸　難しい問題ですね。今ある制度を変えることを官公庁は嫌がる傾向がありますからね。

わかりやすい例が話題になった「ライドシェア」です。

まさに高齢化と人口減少によってタクシーの乗務員が減りました。そのため、都市部でも朝や夕方はなかなかタクシーに乗れない状態になっています。このタクシー不足は地方都市のほうがより顕著で、バス路線が次々に減便するのと相まって、住民の移動手段がなくなっています。

そこで一般ドライバーが自家用車を使って有料で顧客を送迎するライドシェアのニーズが高まった。先ほど他国ではＢＩＭが10年前から標準になっているとおっしゃっていましたが、ライドシェアも他国ではすでに10年ほど前から社会実装されています。スマホアプリを使って普段の移動から観光に至るまでライドシェアが普及しています。

だからこそライドシェアを日本でも解禁しようというニーズがあった。

野原 本来、お客さんを乗せてクルマを走らせて運賃をもらうにはタクシー運転手のような特殊な二種免許が必要で、緑色の営業車用のナンバープレートをつけたクルマである必要がありました。しかし違う仕事に就いているビジネスパーソンが副業としてライドシェアのドライバーをしたり、大学生がアルバイトのようにお金を稼げるしくみを解禁しようとしたわけですね。

岸 そうです。日本全国の交通難民やインバウンドも含めた観光客の方々にとってもぜひ欲しいサービスであり、政府も前向きにライドシェア解禁に動いていたはずでした。

ところが、フタを開けてみると、タクシー業界の強い反発を受けて、世界では当たり前の形でのライドシェアの導入は見送られました。タクシー会社が一種免許のドライバーを雇用できるようになるという、ほとんどライドシェアとは言えないような解禁にとどまったのです。

野原　なぜ国土交通省は、ライドシェアの社会実装に及び腰なのでしょうか？

岸　ライドシェアの導入には道路運送法などの根本的な法の見直しが必要になります。今ある制度を大きく変えることを、役所は嫌がりますからね。

加えて、ライドシェアによってシェアをとられることを嫌がるタクシー業界がライドシェアの抵抗勢力として現れれば、なおさら及び腰になります。

もっとも、変化を好まない風潮はどの省庁も同じです。

厚生労働省で言えば、社会保障制度や年金制度の問題がありますよね。今のままではどう考えても制度を維持できないと分かっているのに、抜本的な改正は大変だから毎年帳尻合わせをして終わってしまう。

野原　おっしゃる通りですね。とはいえ、産業側の「必要だから」「便利だから」という理由だけでは、デジタル技術の社会実装には時間がかかるように思います。

岸　個人的には、国や官公庁ではなく、まず地方自治体と組んで成功例を作ってしまうのがいいと思います。例えば建設産業の人材不足やそれに伴った地域経済の縮小に問題意識を持っている自治体の首長さんと組む。そこで実証実験と称してBIMを地元のゼネコンや施工会社に使ってもらう。そして「BIMを活用して工期が短縮できました」「コストが安く済みました」「地元の建設会社さんにも多くのメリットがありました」という形で成功例を作るのです。

国や中央省庁は、やはり管轄が大きいだけに、変わることの「コスト、デメリットのほうが大きすぎるのは確かです。しかし、地方自治体ならば小さく実験的に新しい試みができる。相対的に規模が小さいため、チャレンジングな施策が打ちやすい。

野原　なるほど。しかも、首長は選挙で選ばれた人ですから、トップダウンで意見も通しやすいですからね。

岸　そうなんです。そして先にBIMを使った結果が、大幅なコスト削減や地域の活性化につながれば、他の自治体もぜひ使ってみたいと考えるはず。そして大きなムーブメントになれば、国や省庁も無視できません。法律を簡単に変えられるかは別として、助成金など予算面の応援は期待できます。

政策の面でこうした取り組みを制度的にできる仕組みが、「国家戦略特区」です。地域限定で規制を緩和し、企業と組んで具体的な成果を出し、それを全国に広めていく。こうした国家戦略特区的なアプローチを、改革意欲がある首長さんと組んで試していくのがいいと思います。

野原　スマートシティ※3がまさにその形ですよね。省庁をまたいで行われるプロジェクトではありますが、大部分を主導しているのは自治体の首長です。すでに自治体から新しいことを始める前例ができていますので、BIMを地方から広めていくのも現実的な発想だと思いました。

岸　実のところ、地方自治体の首長の多くは政府以上に改革派が少ないんです。本来は地方自治体と国は対等な立場であるべきなのですが、未だに総務省が地方交付税で自治体を縛っていますから。こうした大本営が作った方針を忠実に守る自治体、首長さんも相当に多い。

とはいえ、その中でも改革を目指す首長は必ずいます。そういう方と地元を巻き込んで成功例を作れば、自分たちもやりたいと言い出す自治体は必ず出てきます。

※3　スマートシティ
IT技術やデータを活用したマネジメントにより、人々により良いサービスや生活の質を提供できる都市または地域

「学」の使い方が、分水嶺になりえる

野原　岸先生は慶應義塾大学大学院教授というお立場にもあります。先ほどは産業と官公庁、いわゆる産官の共創についての話がありましたが、「学」との連携にはどのような可能性があるとお考えでしょうか。

岸　とても大きな可能性がありますね。うちの大学院のゼミでは机上の研究成果を論文にまとめるだけでなく、産学官のプロジェクトで行った実験や得られたデータを基に学生が論文を書くというアプローチを取っています。私のライフワーク的な部分も含んでいますが、地域経済活性化の新しいモデル作りに産学官で取り組んでおり、地域企業も巻き込んでプロジェクトを進めています。

その経験を踏まえ、建設産業こそ産学官の形で新しいプロジェクトに取り組むべき産業だと言えます。

野原　建設産業はもっと学を活用すべきであると。

岸　その通りです。特に地方で何か新しいことをやるときこそ、大学の名前を使うべきだと思います。先ほど地方の首長さんは保守的な方が多いとお話ししましたが、民間も保守的になりがちな傾向があります。ですので、産官だけで何かをやろうとしても話が進まないケースは珍しくないのですが、ここに大学が入ることでチャレンジへのハードルを一気に下げられるのです。民間企業がビジネスで新しいことをやろうとするのと、大学の先端的な実験に協力するのとでは若干毛色が変わりますので、抵抗が少なくなるのでしょう。

ちなみに、産学官を揃えたからといって、必ずしも大学が新しい知見を提供する必要はないと考えています。もし建設産業がＢＩＭの導入を進めるための実験をしたいと考えるなら、大学の実験という体裁をとりながら導入を進めるだけでも意味はあると思います。産学官のプロジェクトにする意味がないと思われるかもしれませんが、それで新しいことにチャレンジできるなら、結果的には悪くないのではないでしょうか。

野原　岸先生が普段から多くの学生と接していることを踏まえてお伺いしたいことがあります。人手不足と言われる産業は、これから新しい戦力として若い方たちに気持ちよく働いてもらう環境を作る必要があると思うのです。今の若い人たちは、どんな思考の傾向があると感じられますか？

岸　世間一般では「今の若い人は根性がない」と言われるじゃないですか。霞ヶ関でも入省して2〜3年で辞める人がとても多くなっていて、そうした状況を指して「根性がない……」と感じている層もいるようです。

しかし、彼らは根性がないわけではないんですよ。

昔はとにかくしゃかりきに働いてお金を稼いだり、有名企業に入って安定した収入を得たりということが重視される価値観の時代でした。しかし今の若い人たちは価値観が非常に多様化しており、それぞれが異なる価値観を持っているんです。

仕事に関しても、お金や安定も大事ですが、さらに自己成長や社会貢献への実感、ワークライフバランスや環境問題への考慮など重視するものが本当に多様になっている。

それなのに、企業や役所といった組織側が、その多様性に対応できていないのです。

野原　だから、すぐに転職をする若い人が絶えないと。

岸　ええ。私は慶應義塾大学の他でも多くの学生に触れていますが、今の若い人たちは本当にポテンシャルが高いと感じています。頭脳であったり体力であったり、秀でているところはそれぞれ異なりますが、どの学生も必ずいいところがあります。そうした学生のポテンシャルを生かしきれずに退職させてしまっているなら、組織側の価値観が若者の生産性向上の障害になっているんじゃないかと思うんですよね。
　だから若い人たちを理解して、彼らが頑張ろうと思えるような環境を作ることが、建設産業を含む全産業の課題になるでしょう。

環境問題解決の鍵はエネルギーの「地産地消」

野原　学生の興味関心のひとつとして挙げていただきました環境問題ですが、建設産業にとって環境問題への取り組みはＤＸと並ぶ最重要課題のひとつです。
　建設産業が生み出すＣＯ$_2$の排出量は世界の排出量の3割を占めると言われています。日本は２０５０年カーボンニュートラルの実現※4を宣言してＣＯ$_2$削減に向けて動き続けていますが、この取り組みは日本にとってチャンスになり得るものなのでしょうか。

岸　本来、ＣＯ$_2$削減はビジネスチャンスのはずなんですよ。温室効果ガスへの対応にともなう新たなビジネスや投資のチャンスが生まれるはずなので。

※4　2050年カーボンニュートラルの実現
2020年10月に菅義偉総理大臣（当時）が所信表明演説で「2050年までに温室効果ガスの排出を全体としてゼロにする。すなわちカーボンニュートラル、脱炭素社会の実現を目指す」と宣言

しかし、残念ながら日本は政府、自治体、企業全ての取り組みがワンテンポ遅いんです。なぜかと言えば、日本では未だにCO_2削減がコストと捉えられているため、後手後手に回りやすくなっているからです。一方のヨーロッパは自分たちがCO_2削減のリーダーシップをとって新たな雇用を作ろうという姿勢で取り組んでいるため、日本よりも積極的で速いペースで進んでいます。

これは日本にとって決していい状況とは言えません。CO_2削減の捉え方、そして国が掲げた目標を考えると、全産業がCO_2削減の取り組みを真剣に考えつつ、自分たちのビジネスチャンスにつなげていくというアクションが大きな意味を持つことになると考えています。

野原　温室効果ガスの削減がビジネスチャンスにつながるというお話をいただきましたが、それを建設産業に落とし込むと、どんなアクションが考えられますか？

岸　例えば、恐らくはCO_2削減への対応が進むにつれて、エネルギーネットワークが大きく変化していくことになります。今までは、例えば福島の原発で作った電力を大需要地である東京に運ぶためのネットワークが必要でしたが、今後CO_2削減が突き詰められていくと、再生可能エネルギーで作った電力が地産地消されるような、地域単位で完結するエネルギーネットワークが主流になっていくでしょう。

このエネルギーの地産地消化は、CO_2削減のためだけに行われるものではありません。今後日本の人口が減少するにともない、地方都市はコンパクトシティ的な方向に向かっていくことになるでしょう。エネルギーの供給方法を含めた地域の構造が変わり、街の在り方を変容させていくためには、建設産業が新たな建物やインフラを作る必要があります。建設産業には、人口減少に対応した街作りという大きな仕事が待っていると思いますよ。

野原 今後、新たな国づくりに向けて、これまでと異なる建設の需要が増えていくと見立てていただきましたが、そのためにも具体的にDXを進めて生産性を向上させないといけませんね。

魅力的な建設産業にするには

野原 最後になりますが、建設産業を魅力的な産業にするため、特に若者から希望を感じる働く場所にするには我々は何を進めていくべきでしょう？

岸　やはり建設産業がいい賃金を支払える産業になることが大前提ではないでしょうか。働いた分以上にいい賃金をもらえる産業であれば、私は黙っていても人が集まるようになると思います。

ただし、建設産業と一括りにまとめてしまうと、問題を見誤る恐れがある。

都市部と地方の問題は分けて考えた方がいいでしょうね。都市部で建築学を学んだエリート層から見れば、この世界は今も夢があるんですよ。デザインの観点からいろいろなチャレンジができますし、大手に入れば新しい情報や価値観にも触れられます。そういうアッパーサイドの人から見れば、建設産業は今も十分に魅力的な産業のひとつであり、この世界を目指す人は必ず出てきます。

大きな課題があるのは地方の現場です。先述の通り、地方の主要産業は建設と農業ですから、建設に人が集まってくれないと地域経済そのものが危うくなるわけですね。地方の生活が成り立たない状況を防ぐためにも、建設産業は高額の賃金で人を集めなければならない。

野原　ＤＸやＡＩ化が本当に進むと、各産業、各企業で必要な職種や人員数など、今とは全く違うものになるのではないでしょうか。岸先生はどう思われますか？

岸　ホワイトカラーは大きな影響を受けることになるでしょうね。日本に限った話ではありませんが、ホワイトカラーとして働く人の能力差がとても大きいのはご存知の通りです。言ってしまえば、給与に見合う成果を出せない人が本当に多い。だから日本企業はずっと社内失業者を抱え続けてきたのですが、いよいよもうそんな余裕がないということで、大手企業は大幅なリストラをし始めています。

この流れは今後ＡＩの導入が進むにつれ、さらに顕著になっていくでしょう。これまでは大学を出たらみんなホワイトカラーになるのが当たり前だと思われてきましたが、その時代はもうすぐ終わります。ホワイトカラーは一部の有能な方とそうでない方に二極化されていくでしょう。

ではホワイトカラーでなくなった人はどこに行くかというと、サービス業や農業の現場、建設産業の技能労働などが受け皿になるはずです。次に輝ける場所として、これらの仕事がどれだけ伸びていけるかは私も興味があります。

野原　ＤＸだけでなくＡＩによる生産性向上により、過剰気味だったホワイトカラーの淘汰も行われる。そして同時に、産業を飛び越えた非常にダイナミックな雇用の流動が起きるわけですね。

岸　そうですね。大学を卒業してホワイトカラーになろうという人の多くは終身雇用が目当てでした。その結果、多すぎる数のホワイトカラーが誕生していたわけですが、これがそもそも不自然だったわけです。今後ＡＩの導入が進むと、ホワイトカラーに向いていない人が他の産業に移り始めますので、結果として自分に合った仕事に就けるようになる可能性もあるのではないでしょうか。

一方でＤＸによって農業や建設の現場はポジティブに変化できるはずです。働きやすく、賃金も高く、クリエイティビティも発揮しやすい場所になる可能性が大いにある。そうすれば、意欲とポテンシャルを持つ若者もどんどんこうした現場に入ってくれるようになるのではないでしょうか。多様な価値観と多様な教育を学んだ若者が入ってくれれば、それぞれの現場からイノベーションが続々と起きる可能性も高まりますよね。

野原　建設現場からたくさんのイノベーションが起こる様は、胸踊る未来像ですね。

岸　そうして就職先が都会のホワイトカラーに集中する現状が是正されれば、地元に、地域に戻って働きたいという人も増えると思います。

私はいろいろな地方でいろいろな若者と話をしますが、大学のために上京したとしても、就職は地元でしたいという学生が意外と多いんです。もともと地元を愛するヤンキーのような、精力的に地域経済にコミットする活気ある人材も多い。そうした地元愛がある若者が働ける環境を作ってあげられれば、彼らが地域経済をさらに盛り上げ、支えてくれるはずです。

いずれにしても、若い人たちが持てる力を最大限に発揮できる。そんな場所をそこかしこに作ることが日本復活につながる唯一の道だと思います。

野原　我々もそういった未来を描けるように頑張っていきたいと思います。ありがとうございました。